国网河南省电力公司
安全督查标准化工作手册

（现场督查分册）

国网河南省电力公司　编

中国电力出版社
CHINA ELECTRIC POWER PRESS

图书在版编目（CIP）数据

国网河南省电力公司安全督查标准化工作手册. 现场督查分册/国网河南省电力公司编.
—北京：中国电力出版社，2023.11
ISBN 978-7-5198-8085-9

Ⅰ.①国…　Ⅱ.①国…　Ⅲ.①电力工业－工业企业管理－安全管理－中国－手册

Ⅳ.①TM08-62

中国国家版本馆 CIP 数据核字（2023）第 162433 号

出版发行：中国电力出版社
地　　址：北京市东城区北京站西街 19 号（邮政编码 100005）
网　　址：http://www.cepp.sgcc.com.cn
责任编辑：丁　钊（010-63412393）
责任校对：黄　蓓　王小鹏
装帧设计：张俊霞
责任印制：杨晓东

印　　刷：北京雁林吉兆印刷有限公司
版　　次：2023 年 11 月第一版
印　　次：2023 年 11 月北京第一次印刷
开　　本：710 毫米×1000 毫米　16 开本
印　　张：4.25
字　　数：65 千字
定　　价：38.00 元

编　委　会

前言

为加强国网河南省电力公司（以下简称"公司"）各级安全督查队伍管理，规范作业现场督查工作，有效遏制各类违章，防范安全事故，依据《国家电网公司安全工作规定》《国家电网公司安全生产反违章工作管理办法》《国家电网有限公司作业安全风险管控工作规定》《国家电网有限公司现场安全督查工作规范》《国家电网有限公司现场安全督查工作手册》等规章制度，公司安全监察部组织制定了本手册。

本手册所称安全督查是指公司各级安监部门、安全督查队对所属单位各类作业现场开展的安全检查、违章查处、督促整改等安全监督检查工作。作业现场涵盖生产检修、基建工程、大修技改、营销作业、农网工程、配电网工程、信息通信、产业单位承揽的客户工程等。

本手册由公司安全监察部负责解释并监督执行。

本手册自发布之日执行。

目录

1 适用范围

本手册规定了安全督查工作目标、工作原则、工作职责、工作流程及配合国家电网公司总部安全督查等要求，指导各单位常态化开展作业现场安全督查及反违章等工作。各级安全督查人员均应熟悉本手册。

本手册适用于公司各级安监部门、安全督查队。

2 规范性引用文件

下列文件对于本文件的应用是必不可少的。凡是注日期的引用文件，仅所注日期的版本适用于本文件；凡是不注日期的引用文件，其最新版本适用于本文件。

《国家电网公司安全工作规定》（国家电网企管〔2014〕1117 号）

《国家电网公司安全生产反违章工作管理办法》

《国家电网有限公司作业安全风险管控工作规定》（安监二〔2021〕26 号）

《国家电网有限公司现场安全督查工作规范》（安监二〔2019〕60 号）

《国家电网公司现场安全督查工作手册》（安监二〔2021〕8 号）

《国家电网有限公司电力建设安全工作规程 第 1 部分：变电》（国家电网有限公司〔2021〕）

《国家电网有限公司电力建设安全工作规程 第 2 部分：线路》（国家电网有限公司〔2021〕）

《国家电网公司电力安全工作规程 第 8 部分：配电部分》Q/GDW 8—2023

《国家电网有限公司关于印发〈国家电网有限公司营销现场作业安全工作规程（试行）〉的通知》（国家电网营销〔2020〕480 号）

《国家电网公司电力安全工作规程（信息、电力通信、电力监控部分）》（国家电网安质〔2018〕396 号）

《国家电网有限公司关于进一步加大安全生产违章惩处力度的通知》（国家电网安监〔2022〕106 号）

《国家电网有限公司关于进一步加强生产现场作业风险管控工作的通知》（国家电网设备〔2022〕89 号）

《国网设备部关于进一步强化生产现场作业风险防控的通知》（设备技术〔2022〕75 号）

《国家电网公司"四个管住"工作评价方案》（国网安委办〔2021〕12 号）

《国网安委办关于进一步加强反违章工作管理的通知》（国网安委办〔2022〕22 号）

《国网河南省电力公司安全生产反违章工作实施细则（2022 版）》（豫电安监〔2022〕170 号）

《国网河南省电力公司关于印发安全管控中心和安全督查队建设方案的通知》（豫电安监〔2020〕222 号）

《国网河南省电力公司加强安全督查和应急值班工作措施（试行）》（豫电安监〔2022〕427 号）

3　工作目标

加强各级安全督查队伍管理，应用安全风险管控监督平台，通过现场安全督查，有效遏制各类违章，防范安全事故。

4　工作要求

（1）坚持全面覆盖的要求。常态开展现场安全督查，覆盖和管控各级单位、各类专业的作业。

（2）坚持分级督查的要求。按照作业风险分级管控要求，分层分级开展现场安全督查。

（3）坚持重点管控的要求。针对重大风险、重点工程、关键时段的作业，开展重点监控或专项安全督查。

（4）坚持专业协同的要求。加强各专业工作协同，加强安全督查队与安全督查中心协同开展作业违章督查。

（5）坚持闭环督治的要求。及时查纠现场作业中违章的苗头性、倾向性问题，闭环督促违章整改。

5 工作组织

5.1 组织体系

公司安全督查工作体系按照省、市、县三级进行设置，各级安监部门负责建设本级安全督查队。

省级安全督查队由公司安监部归口管理，公司安监部负责组织实施具体安全督查业务。市县安全督查队由本单位安监部归口管理，应急安全督查班、安全督查专家按照职责承担具体安全督查业务。

各单位可根据工作实际，拓展安全督查组织体系，建设生产、产业单位、专业部门等层级的安全督查中心和安全督查队。

5.2 工作职责

5.2.1 各级安监部门

统筹负责本级安全督查队日常管理和评价考核，负责组织开展安全督查工作，为安全督查人员提供必要的督查条件。

5.2.2 各级安全督查队

负责按照"四不两直"原则、《国家电网有限公司现场安全督查工作手册》及本手册，对作业现场开展安全检查，查处作业现场各类违章，做好违章记录和通报，并督促违章整改。定期统计、分析现场安全督查和违章情况，提出加强安全管理的意见和建议。负责对下级安全督查队工作情况进行监督、指导和评价考核。

5.3 各级安全督查范围

各级安全督查队要做好工作统筹，合理分工、科学配合，充分发挥"远程＋

现场"督查优势，满足覆盖督查广度和督查深度的工作要求。

（1）省级安全督查队。督查二级及以上作业风险和五级电网风险作业，对三级风险作业现场进行抽查，比例不低于30%。

（2）市级安全督查队。查本单位三级及以上作业风险和市供电公司直接管理的作业现场，并对县供电公司其他风险作业现场进行抽查，比例不低于30%。

（3）县级（二级机构）安全督查队。负责督查所辖范围内所有作业现场。

5.4 人员要求

各级安全督查队人员应按照"一人一档"的原则，建立人员资质、培训档案，所有督查人员应经本单位安监部培训考试合格、安全总监审核签字后方可上岗，上岗签字证明纳入个人档案，随时备查。

5.5 督查装备要求

督查小组按要求配置督查装备，配置标准见附录A。

6 工作流程

6.1 督查安排

6.1.1 工作要求

各级安全督查队要按照"分级覆盖、突出重点"的原则进行督查安排，深入现场、深入基层，督查作业高风险时段和高风险工序，工作时间原则上为工作日。重大节假日、重要时期、重要活动期间及其他必要时期，根据实际情况安排人员赴现场开展督查。

6.1.2 计划安排

（1）值班计划。各级安全督查队要有独立的办公场所，安排值班人员，使用安全风险控制平台配合现场督查人员工作，如遇特殊原因需调整值班计划的，应至少提前一天修改值班计划。

（2）督查计划。各单位应根据平台录入的下周作业计划，按照"责任落实到人"的要求，做好督查计划安排，每周五下班前将安全督查队下周督查计划（含领导班子到岗督查计划）报公司安全督查中心。督查计划应经本单位安监部督查工作负责人签字并加盖安监部公章，各县供电公司督查计划应由所属市供电公司汇总后统一报送。考虑临时作业计划和作业计划执行变动影响，如需变更督查计划，每日报送督查日报时，在日报中对次日督查计划予以细化和变更。

6.1.3 早会会商

每日 9：00，各级安监部门要组织召开早会会商，听取本级安全督查队的工作汇报。主要内容包括：

（1）督查队向本级安监部汇报上一个工作日违章查处、违章申诉情况，审核通过的，予以撤销；审核不通过的，发布违章整改通知单。

（2）安全督查队对当日计划督查的作业现场进行分组、分工。督查队和安全督查中心就当日协同督查事项开展会商。

（3）通报上级最新指示和工作要求。

（4）确定需要协调解决的系统、平台及其他需要处理的问题。

6.2 现场督查准备

（1）派发督查任务。根据次周督查计划安排，各级安全督查队要向相应督查人员下发安全督查计划，确保督查计划、督查实施、违章查处全部线上管理。

（2）熟悉作业计划。督查队员应根据督查计划安排，提前熟悉作业计划内容，对于已经开工的作业计划，通过平台查看其过程资料，通过现场勘查记录、工作票（作业票等）、安全交底记录，掌握计划详细信息，提前策划现场督查方向和重点。

（3）检查督查装备。督查队员在出发执行现场督查任务前，应确保督查装备齐全合格，检查督查证件、统一着装、执法记录仪、望远镜、风速测试仪、应急用品等，并结合将要督查的作业实际情况，增配无人机、有害气体检测装置等。

6.3 现场督查实施

6.3.1 现场督查重点

（1）检查作业内容是否与作业计划一致，是否存在无计划作业或超范围作业情况。

（2）检查现场勘察记录、"三措"、工作票等作业资料是否齐备、正确，保障安全的组织、技术措施是否规范执行。

（3）检查作业单位、人员安全准入情况、特殊工种持证情况是否与工作票所列人员相符。

（4）检查作业现场安全工器具、特种设备等机具装备进场报审等情况，是否按周期试验并正确使用。

（5）检查"三种人"、到岗到位人员安全履责情况。

（6）检查作业现场安全风险管控情况，是否存在风险辨识管控不到位的情况。

（7）检查现场作业人员安全文明施工、安全要求执行落实情况。

（8）具体督查标准作业卡见附录 B。

6.3.2 现场督查工作流程

（1）现场督查应遵循"四不两直"的基本要求，根据督查计划安排，通过安全风控 App 直接导航至作业现场。

（2）到达督查现场后，督查队员应首先开启执法记录仪，并保持督查全过程开机，出示安全督查证件，亮明身份。

（3）督查开始前，应通过安全风控 App 执行安全督查签到操作。

（4）按照"考、问、查、看"的方式开展督查工作，询问现场人员，巡视作业现场，调阅管理资料，深挖各类问题和违章。

（5）发现问题或违章时，应第一时间告知工作负责人，能够立查立改的及时督导改正，消除现场安全隐患。存在重大安全隐患或严重违章，督查队有权要求现场暂停作业。

（6）现场督查工作结束时，应通过安全风控 App 执行安全督查签退操作，并将检查发现的所有问题告知工作负责人。

（7）每日工作结束后，应制作、汇总违章整改通知单，并于次日早会会商向本级安监部汇报，确认构成违章的，通过平台进行下发。

现场督查工作流程图如图 6-1 所示。

6.3.3 现场督查工作纪律

各级安全督查队人员要严守职业操守和工作纪律，树立正确的工作态度，构建公平、公正、公开的工作方式，保障反违章工作的严肃性和客观性。

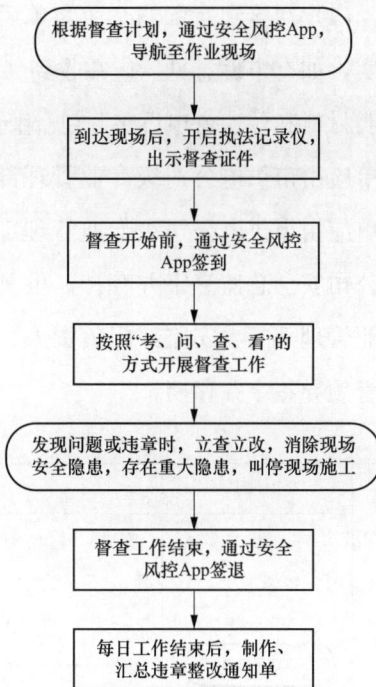

```
┌─────────────────────────────┐
│ 根据督查计划，通过安全风控App， │
│ 导航至作业现场               │
└─────────────────────────────┘
              ↓
┌─────────────────────────────┐
│ 到达现场后，开启执法记录仪，    │
│ 出示督查证件                 │
└─────────────────────────────┘
              ↓
┌─────────────────────────────┐
│ 督查开始前，通过安全风控       │
│ App签到                     │
└─────────────────────────────┘
              ↓
┌─────────────────────────────┐
│ 按照"考、问、查、看"的        │
│ 方式开展督查工作             │
└─────────────────────────────┘
              ↓
┌─────────────────────────────┐
│ 发现问题或违章时，立查立改，消除现场 │
│ 安全隐患，存在重大隐患，叫停现场施工 │
└─────────────────────────────┘
              ↓
┌─────────────────────────────┐
│ 督查工作结束，通过安全        │
│ 风控App签退                 │
└─────────────────────────────┘
              ↓
┌─────────────────────────────┐
│ 每日工作结束后，制作、        │
│ 汇总违章整改通知单           │
└─────────────────────────────┘
```

图 6-1 现场督查工作流程图

（1）不得向任何单位或个人泄露督查行程及督查计划。

（2）不得接受督查对象的宴请、现金、烟酒等礼品馈赠。

（3）不得以任何理由向督查对象索取现金、礼品等物品。

（4）督查人员应注意交通安全，不得违规驾驶、超载、超速和疲劳驾驶。

（5）遇雨雪、冰雹、强风、浓雾恶劣天气，应避免进入有潜在危险的作业现场。

（6）不得越权指挥现场人员作业，尽量做到不影响现场正常生产活动。

（7）在高空作业及交叉作业等区域，须注意防范高空落物、设备倾覆，确保自身安全。

6.4 违章管理

6.4.1 违章申诉

公司安全督查队查处违章的申诉流程如图 6-2 所示，各单位应参照此模式，建立本单位的违章申诉机制。

（1）在接到违章整改通知单后，违章相关单位应组织对违章情况进行检查核实，如有申诉意见，应在收到《违章整改通知单》（见附录 C）3 小时内反馈证明材料和《违章申诉单》（见附录 D）至公司安全督查队。其中，一般违章申诉单应由市供电公司级专业管理部门、安监部门负责人签字盖章；严重违章申诉单应由市供电公司级专业管理部门、安监部门负责人签字盖章，并经地市供电公司安全总监签字并存档；重复发生的严重违章申诉，应由地市供电公司级专业管理部门、安监部门负责人、安全总监签字盖章，并经地市供电公司专业分管领导签字并存档。

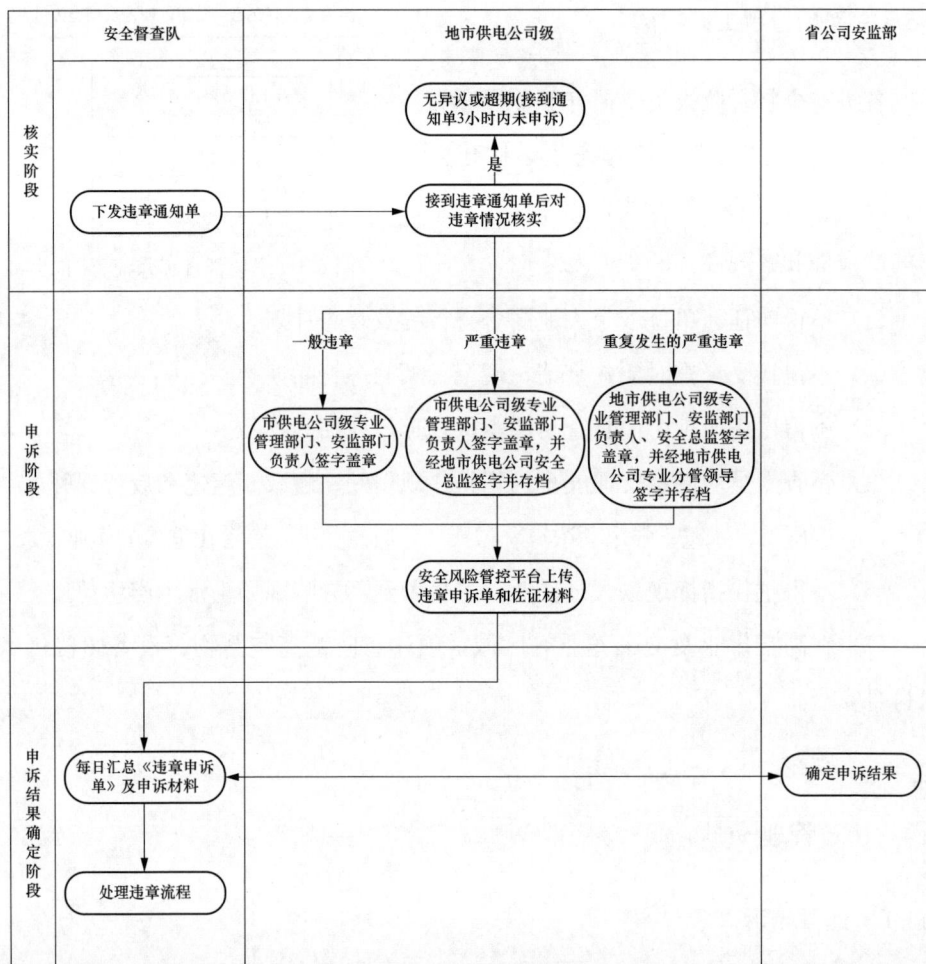

图 6-2　申诉流程图

（2）违章申诉单和佐证材料应在安全风险管控监督平台上传，非特殊情况不进行线下发送。

（3）过期未反馈视为无异议。

（4）《违章申诉单》及申诉材料每日汇总，于次日 9：00 在早会会商向本级安监部汇报，安监部门负责人组织相关人员对申诉材料进行复审。

（5）申诉结果确定后，应及时通知下级安全督查中心（或有关业务部门），并在安全风险管控监督平台处理违章流程。

6.4.2 违章整改

（1）违章确认或申诉未通过，各单位要及时组织违章的整改，一般违章于违章确认后三天内在平台上传违章整改反馈单（见附录 E）；严重违章在违章确认后一周内在平台上传违章整改反馈单，并根据公司反违章工作要求向公司安监部报送有关材料。

（2）违章整改要遵循"四不放过"原则，即坚持违章原因未查清不放过、违章责任人员未处理不放过、违章整改措施未落实不放过、有关人员未受到教育不放过。

（3）违章整改反馈应明确处罚、记分、教育等情况，其中处罚标准应满足国家电网公司和公司有关要求，但不应层层加码。

（4）各级安监部门应通过平台对整改反馈予以审核，不符合要求的退回重新整改。

（5）各级安全督查中心应通过平台定期检查、统计违章整改情况，督促有关单位（部门）及时履行整改反馈工作。

6.4.3 异常处置

（1）安全督查队抵达现场时，如遇相关单位拒绝配合督查，督查人员记录现场实际情况，向上级安监部门反映。由上一级安监部门进行处置。

（2）安全督查队抵达现场时，现场实际工作地点与风控平台导航位置不一致，责令立即整改，拒不整改的进行通报。

（3）安全督查队抵达现场时，出现现场无正常理由停工避检情形时，督查人员应如实记录，并向主管安监部门反映，由主管安监部门对作业单位、项目管理单位进行考核。

（4）安全督查队抵达现场时，安全风控 App 计划已取消，但现场正在作业，按无计划施工进行考核。

6.5 违章统计、分析

6.5.1 日报

每日督查工作结束后，安全督查队专人负责汇总当日工作情况，按照日报格式模板，完成日报编制。内容包括：计划执行总体情况、违章查处情况、下级单位检查情况等。

6.5.2 周报

公司每周发布公司数字化安全管控工作周报，推进各单位平台规范应用和推广落实。定期发布反违章通报，通报一定周期内违章查纠情况。

各单位要根据自身实际，每周进行总结梳理，分析督查运转情况、违章规律等，发布一期反违章工作通报。

6.5.3 月报

各单位要根据自身实际，每月开展月度违章分析、月度数字化安全管控情况分析，内容包括但不限于计划执行管控、违章查纠、典型违章、平台应用问题等。

6.5.4 专项分析报告

根据本单位安监部要求和工作实际，开展半年报、年报、违章专项分析、两票执行专项分析等报告编制，解决突出问题、突出矛盾，协助本单位安监部进一步提升安全管理水平。

7 督查工作要求

安全督查队是各单位反违章工作开展的主要力量，各级安监部门要组织好、应用好现场督查队伍，压紧压实督查责任，不断提升督查能力，细化规范工作流程，不断深化反违章工作，夯实公司安全生产基础。

（1）落实督查责任。各级安监部门要组织做好督查计划安排、督查过程管控、督查结果审核。对于履责不到位的，按照《国网安委办关于进一步加强反违章工作管理的通知》（国网安委办〔2022〕22号）追究有关人员安全监督责任。

（2）强化督查能力。各级安监部门应组织本单位安全督查人员进行业务培训、开展现场督查经验交流，提高督查能力。

（3）明确督查目的。各级安全督查队要认真执行分层、分级、全覆盖的督查要求，以"提高作业现场安全管控水平、消除潜在安全隐患"为目的，聚焦作业现场，立足安全管理规程，所有问题要有据可依，在做好违章查处的同时，对违章行为进行纠正，不能"查而不纠"。

（4）严格考核评价。各级安监部门要建立本级及下级安全督查队量化评价机制，采取正向激励与考核并重的方式，激发督查人员工作积极性，督导下级单位工作开展，分析总结督查工作中存在的问题，不断改善、提升督查工作质效。对于能力不合格的，要采取待岗学习、更换人员等措施，确保在岗人员业务水平过关，满足反违章工作要求。

特殊工种。广义泛指：其分为特种作业人员、特种设备作业人员、消防设施操作人员等，详细区分见《国网河南省电力公司安监部关于加强依法合规安全培训取证工作的通知》。

1）在作业平台上作业或斗臂车平台上作业，不要求取高空安装、维护证。跨越架、脚手架安装拆除作业人员要取架设工证。

2）从事电缆接头操作人员要取电缆工证。

3）高低压电工证应按从事的工作电压等级取证。

4）从事继电保护作业人员、高压试验人员要取证。

5）汽车起重机指挥、司机宜取得政府相关机构（行政审批、市场监督单位或部门）颁发的有效证件。

附录 A 督查装备标准化配置

督查装备名称	规格、型号	具备功能	配置要求	参考照片	备注
工作服、工作裤、安全帽	按每人需求配置		督查人员每人一套		
执法记录仪	DSJ-HIKVISION/GW	具备录音、录像、拍照、对讲的功能	督查人员每人一个		

续表

督查装备名称	规格、型号	具备功能	配置要求	参考照片	备注
望远镜	BOSMA12×50	放大远处物体的张角，看清角更距更小的细节	督查人员每组一个		
气体检测仪	UT334E 四合一气体检测仪	检测常见气体纯度，安全预警、分析气体浓度含量、检测气体泄漏	督查人员每组一个		
绝缘尺	30m	测量	督查人员每组一个		

续表

督查装备名称	规格、型号	具备功能	配置要求	参考照片	备注
测风仪	UNI-T	测量风速	督查人员每组一个		
无人机	大疆御 AIR2	具备高空拍照、录像功能	按需要配置		根据需要选配

附录 B　现场督查要点
（适用省、地市、县供电公司现场督查）

B.1　通用部分

项目：　　　　　　　　　　　　　　　　时间：

督查项目	督查内容	督查方法	督查依据	督查问题
1. 管住计划	1.1 工作计划。查现场实际作业内容，工作票所列工作内容，日作业计划是否一致，查计划是否合理，变更是否履行相应手续	查现场作业内容、工作票和上报的周、日作业计划及变更手续	《国家电网公司生产作业安全管控标准化工作规范（试行）》《国家电网安质〔2016〕356号》第2.3.1、2.3.2条 《国家电网有限公司作业安全风险管控工作规定》（安监二〔2021〕26号）第十三条、十四条 国家电网安监〔2022〕106号第1条	
	1.2 风险定级。查作业安全风险定级级是否准确	查作业计划风险定级	《国家电网有限公司作业安全风险预警管控工作规范（试行）》（安监二〔2019〕60号）第九、十一条 《国家电网公司输变电工程施工安全风险识别、评估及预控措施管理办法》（国网（基建/3）176—2019）第十五、十七条 《国家电网公司输变电工程施工安全风险预警管控工作规范（试行）》（国网安质〔2015〕972号）第十五、十七条 《输变电工程建设施工安全风险管理规程》（Q/GDW 12152—2021）附录A 《输变电工程建设部关于印发〈输变电工程建设过程安全风险管控工作手册〉（试行）的通知》第二十二条、二十三条、二十七条 《国家电网有限公司关于进一步加大安全生产违章惩处力度的通知》（国家电网安监〔2022〕106号）第47条 《国家电网有限公司关于进一步加强生产现场作业风险防控的通知》（国家电网设备〔2022〕89号）《国网设备部关于进一步强化生产现场作业风险防控的通知》（设备技术〔2022〕75号）	

续表

督查项目	督查内容	督查方法	督查依据	督查问题
1. 管理计划	1.3 现场勘察。查是否按要求组织开展现场勘察、查勘察记录的规范性、针对性，是否符合现场实际情况	核查作业现场勘察记录	《国家电网公司电力安全工作规程 线路部分》（Q/GDW 1799.2—2013）第5.2条 《国家电网有限公司关于进一步加强生产现场作业风险管控工作的通知》（国家电网设备〔2022〕89号）《国家电网设备部关于进一步强化生产现场作业风险防控的通知》（设备技术〔2022〕75号）《国家电网有限公司电力建设安全工作规程》5.3条《国家电网有限公司作业安全风险管控工作规定》（安监二〔2021〕26号）第十八条、十九条、二十条 国家电网安监〔2022〕106号 第83条	
	2.1 三个项目部机构设置。查人员配置是否齐全、查人员资质是否符合要求、是否到位	检查三个项目部机构成立文件、人员资质及到位情况	《国家电网有限公司业主项目部标准化管理手册》《国家电网有限公司监理项目部标准化管理手册》《国家电网有限公司施工项目部设置主、监理、施工项目部设置手册》《国家电网有限公司10（20）千伏及以下配电网工程监理项目部标准化管理手册》《国家电网有限公司10（20）千伏及以下配电网工程施工项目部标准化管理手册》《国家电网有限公司10（20）千伏及以下配电网工程业主项目部标准化管理手册》（2019版）（2018版）第一部分 业	
2. 管理队伍	2.2 队伍准入。查现场作业队伍是否在黑名单、负面清单内。基建施工检查分包队伍是否在核心分包队伍名单内	检查核心分包队伍信息、负面队伍清单、黑名单、队伍资质、分包合同、安全协议	《关于印发〈国家电网有限公司作业安全风险管控工作规定〉等6项规章制度的通知》（国家电网安监〔2022〕106号）第44条	

续表

督查项目	督查内容	督查方法	督查依据	督查问题
2.管理队伍	2.3 队伍资质。查场作业队伍的企业资质、业务资质、安全资质与承揽业务是否相符，是否规范签订分包合同、安全协议	核查外包队伍的资质、合同、协议，分包合规情况，核查队伍与承揽工程相符情况	《国家电网公司业务外包安全监督管理办法》（安监二〔2021〕26号）第十三条、十四条、二十条 国家电网安监〔2022〕106号第46条	
	2.4 作业层班组。基建查作业层班组标准化建设是否符合施工要求、班组配置是否满足需要、骨干人员是否到位	检查作业层班组配置、标准化建设情况	《国网基建部关于印发输变电工程建设施工作业层班组建设等2项标准化手册的通知》（基建安质〔2021〕26号）班组建设标准	
	2.5 身份核实。查现场作业人员是否为作业队伍所属人员	现场核查身份证、人员实名制情况	《国家电网公司业务外包安全监督管理办法》（安监二〔2021〕26号）第三十二条、三十六条	
3.管理人员	3.1 查现场作业人员（含主业、省管产业、分包人员、厂家配合人员）是否经准入合格	检查人员安全教育培训、考试记录、体检报告、交底记录等	《国家电网公司电力安全工作规程 线路部分》(Q/GDW 1799.2—2013)第4.3.2、4.4.1、4.4.4条 《国家电网公司业务外包安全监督管理办法》（安监二〔2021〕26号）第四条、三十五条 《国家电网有限公司关于进一步加强生产现场作业风险管控工作的通知》（国家电网设备〔2022〕89）国家电网安监〔2022〕106号第51条	
	3.2 查检修或施工作业人员是否掌握本班组、作业点的作业负责人是否掌握本班组计划、现场各作业点情况	现场督查、问询	《国家电网公司电力安全工作规程 线路部分》(Q/GDW 1799.2—2013)第5.3.11.2条 《国家电网有限公司关于全面推进输变电工程施工安全工作规程 变电部分》的通知 第1部分：变电）第5.2、5.3条 《国网基建部关于印发输变电工程建设施工作业层班组建设等2项标准化手册的通知》第2.3条 《国家电网有限公司关于进一步加强生产现场作业风险管控工作的通知》（国家电网设备〔2022〕89）	

续表

督查项目	督查内容	督查方法	督查依据	督查问题
3. 管住人员	3.3 查现场工作人员对工作任务、风险点及防范措施等内容是否掌握	现场督查、问询	《国家电网公司电力安全工作规程 线路部分》（Q/GDW 1799.2—2013）第5.3.11.5条 国家电网安监〔2022〕106号第8条	
	3.4 查特种作业人员是否具有有效的资格证书	核查特种作业资格证书	《输变电工程建设施工安全风险管理规程》6.4.4 《国家电网公司电力建设安全工作规程 第1部分：变电》第5.2.4条 国家电网安监〔2022〕106号第53条	
	4.1 开收工会。查工作负责人是否履行安全交底手续，查工作班成员是否签字	查工作负责人安全交底是否全面、有针对性，工作班成员签字情况	《国家电网有限公司作业安全风险管控工作规定》（安监二〔2021〕26号）第三十五条	
	4.2 作业人员。查作业人员安全帽、工作服、绝缘鞋等是否合格，是否正确佩戴	查现场人员安全防护用品佩戴情况	《国家电网公司电力安全工作规程 线路部分》（Q/GDW 1799.2—2013）第4.3.4、5.3.10、5.3.11条 《国家电网公司电力安全工作规程 变电部分》（Q/GDW 1799.1—2013）16.1.1、4.2.1条	
4. 管住现场	4.3 工作票（作业票）、操作票执行。查工作票（作业票）、操作票两票是否完整、规范、所列安全措施是否满足要求。查现场所做的安全措施是否与工作票（作业票）一致。查应执行"双签发"的工作票是否按现场实际情况执行，检查工作票（作业票）人员签字情况	核查现场工作票（作业票）、操作票	《国家电网公司电力安全工作规程 线路部分》（Q/GDW 1799.2—2013）第5.3.7、5.3.8条 《国家电网公司电力安全工作规程 第1部分：变电》第5.3.3条 《国家电网公司电力建设安全工作规程 第8部分：配电部分》（Q/GDW 10799.8—2023）第3.3.8、3.3.9.9条 《国家电网公司电力安全工作规程 变电部分》（Q/GDW 1799.1—2013）第5.3.4、6.3.7、6.3.8条	

续表

督查项目	督查内容	督查方法	督查依据	督查问题
4. 管住现场	4.4 "三大措施"，施工方案。查"三大措施"，施工方案是否涵盖现场作业内容及安全要求，编制审批是否规范、需论证的方案是否进行专家论证，管控措施是否在现场严格执行	对照"三大措施"，施工方案同询现场管控措施执行情况	《国家电网公司生产作业安全管控标准化工作规范（试行）》（国家电网安质〔2016〕356号）第3.4条 《国家电网公司电力建设安全工作规程　第1部分：变电》（Q/GDW 11957.1—2020）第5.1.5条 《国家电网有限公司输变电工程建设安全管理规定》第六十六、六十八条 《国家电网有限公司作业安全风险管控工作规范》（安监二〔2021〕26号）附录1	
	4.5 作业监护。查是否根据现场情况增设专责监护人。查施工范围、施工具体情况，安全条件，监护人是否监护到位、安全责任是否落实到位	现场检查监护人到位情况，考问监护人对现场安全措施的布置、危险点等内容	《国家电网公司电力安全工作规程　线路部分》（Q/GDW 1799.2—2013）第5.5条 《国家电网有限公司电力建设安全工作规程　第2部分：线路》（Q/GDW 11957.2—2020）第5.3.3.5条	
	4.6 安全工器具和施工机具。查安全工器具、施工机具使用是否合格，外观、检验检测是否合格。查电动工器具外壳是否完好，电源线是否满足。电源接地，是否满足"一机一闸一保护"等。查特种车辆及特种设备是否检测、检验	现场检查	《国家电网公司电力安全工作规程　线路部分》（Q/GDW 1799.2—2013）第14、16.4.2.6、16.1.3条 《国家电网公司电力建设安全工作规程　第2部分：线路》（Q/GDW 11957.2—2020）第8.4条 《国家电网公司电力建设安全工作规程　第1部分：变电》（Q/GDW 11957.1—2020）第8.2、8.3、8.4条 国家电网安监〔2022〕106号第4条	
	4.7 视频监控。查现场视频监控设备使用是否规范、是否全部覆盖，监控要点、风险管控点，是否应用风险移动作业作业App	现场检查	《国家电网有限公司作业安全风险预警管控工作规范（试行）》（安监二〔2019〕60号）第二十一、二十二、二十三、二十四条 国家电网安监〔2022〕106号第93条	
	4.8 到岗到位。查管理人员是否到岗到位	查到岗到位人员姓名、职务与要求是否一致、是否到位履责	《关于规范领导干部和管理人员生产现场到岗到位管控工作的指导意见》（国家电网安监〔2018〕22号） 《国家电网有限公司作业安全风险预警管控工作规范（试行）》（安监二〔2019〕60号）第二十五条（一） 《国家电网有限公司输变电工程建设安全管理规定》第五十六条	

续表

督查项目	督查内容	督查方法	督查依据	督查问题
4. 管理现场	4.9 督查到位。查各级安全督查人员是否按要求到场检查	现场督查或通过视频间间监督人员到位情况	《国家电网有限公司作业安全风险管控管理工作规范（试行）》（安监二〔2019〕60号）第二十条（二）《国家电网有限公司安全生产反违章工作管理办法》第二十六条	
	4.10 消防设施。查现场、施工项目部驻地仓库、办公区、生活区等消防设施是否按要求设置、防火重点部位是否有警示标识、消防器材配备是否充足	核查变电站消防设施、消防器材、各种标识	《电力设备典型消防规程》（DL 5027—2015）第13.7、14.3、6.1.10条《国家电网有限公司电力建设安全工作规程 第2部分：线路》第9.1、9.2.2、6.4条	
	4.11 安全设施与文明生产。查现场布置，各类安全标志、设备标志、安全警示、安全防护设施等是否规范	现场检查	《国家电网公司电力安全工作规程 线路部分》（Q/GDW 1799.2—2013）第6.6、8.3.5.1条《输变电工程建设安全文明施工规程》（Q/GDW 10250—2021）工程现场安全文明施工标准化配置	

B.2 输电检修（适用省、地市、县供电公司现场督查）

督查项目	督查内容	督查方法	督查依据	督查问题
一、架空输电线路督查标准				
1. 高处作业	1.1 查在5级及以上大风以及暴雨、雷电、冰雹、大雾、沙尘暴等恶劣天气下，是否停止露天高处作业	现场检查	《国家电网公司电力安全工作规程 线路部分》（Q/GDW 1799.2—2013）第10.17条	
	1.2 查高处作业是否使用全方位安全带，安全带的挂钩或绳子是否挂在结实牢固的构件上，是否采用高挂低用的方式	现场检查	《国家电网公司电力安全工作规程 线路部分》（Q/GDW 1799.2—2013）第9.2.4、10.9条	
	1.3 查高处作业人员在作业过程中安全带是否拴牢，在转移作业位置时是否失去安全保护	现场检查	《国家电网公司电力安全工作规程 线路部分》（Q/GDW 1799.2—2013）第10.10条	

续表

督查项目	督查内容	督查方法	督查依据
1. 高处作业	1.4 查高处作业是否使用工具袋，较大的工具是否用绳栓在牢固的构件上，工作、边角余料是否放置在牢靠的地方或用铁丝扣牢并年有防止坠落的措施	现场检查	《国家电网公司电力安全工作规程　线路部分》（Q/GDW 1799.2—2013）第 10.12 条
	1.5 查在进行高处作业时，工作地点下面是否有围栏或装设其他保护装置	现场检查	《国家电网公司电力安全工作规程　线路部分》（Q/GDW 1799.2—2013）第 10.13 条
	1.6 查使用软梯、挂梯作业或进行移动作业时，软梯、挂梯或梯头上是否只准一人工作，在梯头移动时是否将梯头的封口可靠封闭	现场检查	《国家电网公司电力安全工作规程　线路部分》（Q/GDW 1799.2—2013）第 10.20 条
	1.7 查是否存在攀爬、跟踏复合绝缘子串等行为	现场检查	《国家电网公司输变电工程安全文明施工标准化管理办法》[国网（基建/3）187—2019]第十六条第（四）款
2. 起重作业	2.1 查吊车、起重机械等吊索设接地线，其截面是否大于 16mm²	现场检查	《国家电网公司电力安全工作规程　线路部分》（Q/GDW 1799.2—2013）第 8.3.10、14.2.11.1 条
	2.2 查起重使用的吊钩防脱钩装置是否完好，钢丝绳、吊装带、吊带（套）是否符合要求	现场检查	《国家电网公司电力安全工作规程　线路部分》（Q/GDW 1799.2—2013）第 14.2.9、14.2.10 条；《国家电网有限公司电力建设安全工作规程　第 2 部分：线路》（Q/GDW 11957.2—2020）第 7.2.15 条
	2.3 查起吊物件绑扎情况，若物件有棱角或特别光滑的部位时，在棱角处（吊带）接触处是否加以包垫	现场检查	《国家电网公司电力安全工作规程　线路部分》（Q/GDW 1799.2—2013）第 11.1.7 条
	2.4 查在起吊、牵引过程中，受力钢丝绳的周围、上下方、转向滑车内角侧，吊臂和起重物的下面，是否有人逗留和通过	现场检查	《国家电网公司电力安全工作规程　线路部分》（Q/GDW 1799.2—2013）第 11.1.8 条
	2.5 查吊物上是否站人、作业人员是否利用吊钩来上升或下降	现场检查	《国家电网公司电力安全工作规程　线路部分》（Q/GDW 1799.2—2013）第 11.1.10 条

续表

督查项目	督查内容	督查方法	督查依据
2. 起重作业	2.6 查两台及以上链条葫芦起吊同一重物时，重物的自重是否小于每台链条葫芦的允许起重量	现场检查	《国家电网公司电力安全工作规程 线路部分》（Q/GDW 1799.2—2013）第14.2.8.2条
	2.7 查起重设备操作人员是否熟悉现场工作内容、安全措施等	现场检查	《国家电网公司电力安全工作规程 线路部分》（Q/GDW 1799.2—2013）第11.1.4条
	2.8 查起重作业过程是否规范，是否先支腿后行走，吊物行走	现场检查	《国家电网公司电力安全工作规程 线路部分》（Q/GDW 1799.2—2013）第14.2.11.4、14.2.11.7条
3. 邻近带电导线作业	3.1 查工作票中防误登杆塔措施是否完备，是否严格按照措施执行	现场检查	《国家电网公司电力安全工作规程 线路部分》（Q/GDW 1799.2—2013）第8.3.5条
	3.2 查邻近带电作业时，是否使用合格绝缘无极绳索，是否设专人监护	现场检查	《国家电网公司电力安全工作规程 线路部分》（Q/GDW 1799.2—2013）第8.1.1条
	3.3 查在杆塔上进行工作时，是否在该侧横担上放置物件	现场检查	《国家电网公司电力安全工作规程 线路部分》（Q/GDW 1799.2—2013）第8.3.6条
	3.4 查放线或撤线、紧线时，是否采取防止导线或架空接地线由于摆（跳）动或其他原因而与带电导线接近至危险距离以内的措施	现场检查	《国家电网公司电力安全工作规程 线路部分》（Q/GDW 1799.2—2013）第8.3.9条
4. 带电作业	4.1 查带电作业是否按规定履行审批手续、作业环境、条件是否符合要求	现场检查	《国家电网公司电力安全工作规程 线路部分》（Q/GDW 1799.2—2013）第13.1.1、13.1.2、13.1.3条
	4.2 查带电作业人员是否经过专门培训并取得资格，是否设置专责监护人	现场检查	《国家电网公司电力安全工作规程 线路部分》（Q/GDW 1799.2—2013）第13.1.4、13.1.5条
	4.3 查作业人员与带电体间的安全距离是否符合规定	现场检查	《国家电网公司电力安全工作规程 线路部分》（Q/GDW 1799.2—2013）第13.2.1、13.3.3、13.3.4条
	4.4 查带电作业工具绝缘有效长度是否符合规定，使用是否规范	现场检查	《国家电网公司电力安全工作规程 线路部分》（Q/GDW 1799.2—2013）第13.2.2、13.2.3、13.11条

续表

督查项目		督查内容	督查方法	督查依据
5.焊接、切割作业		5.1 查运输气瓶时，气瓶是否顺车厢纵向放置、氧气瓶是否与乙炔气瓶、易燃物品等混装运输	现场检查	《国家电网公司电力安全工作规程 线路部分》（Q/GDW 1799.2—2013）第16.5.8、16.5.9 条
		5.2 查使用中的氧气瓶和乙炔气瓶是否规范放置	现场检查	《国家电网公司电力安全工作规程 线路部分》（Q/GDW 1799.2—2013）第16.5.11 条
		5.3 查是否在带电设备上进行焊接，特殊情况下需要在带电设备上进行焊接的，是否采取完备的安全措施并经本单位批准	现场检查	《国家电网公司电力安全工作规程 线路部分》（Q/GDW 1799.2—2013）第16.5.1 条
		5.4 查是否在油漆未干的物体上焊接、是否在风力超过5级及下雨雪时进行露天焊接、切割作业	现场检查	《国家电网公司电力安全工作规程 线路部分》（Q/GDW 1799.2—2013）第16.5.2、16.5.4 条
6.砍剪树木		6.1 查砍剪树木是否设专人监护，坡区、人口密集区是否设置围栏	现场检查	《国家电网公司电力安全工作规程 线路部分》（Q/GDW 1799.2—2013）第7.4.3 条
		6.2 查是否使用绳索将树木拉向与导线相反的方向，砍剪山坡树木是否做好防止树木向下弹跳接近导线的措施	现场检查	《国家电网公司电力安全工作规程 线路部分》（Q/GDW 1799.2—2013）第7.4.3 条
		6.3 查风力超过5级时，是否砍剪高出或砍接近导线的树木	现场检查	《国家电网公司电力安全工作规程 线路部分》（Q/GDW 1799.2—2013）第7.4.5 条
		6.4 查使用油锯和电锯作业时，是否由熟悉机械性能和操作方法的人员操作	现场检查	《国家电网公司电力安全工作规程 线路部分》（Q/GDW 1799.2—2013）第7.4.6 条
二、电缆检修督查标准				
1.电缆检修		1.1 查非开挖的通道，是否与地下各种管线及设施保持足够的安全距离	现场检查	《国家电网公司电力安全工作规程 线路部分》（Q/GDW 1799.2—2013）第15.2.1.18 条
		1.2 查电缆井井盖、电缆沟盖板等开启后是否设置标准围栏，是否派人看守	现场检查	《国家电网公司电力安全工作规程 线路部分》（Q/GDW 1799.2—2013）第15.2.1.11 条
		1.3 查作业人员撤离电缆井或隧道后，是否立即将井或盖盖好	现场检查	《国家电网公司电力安全工作规程 线路部分》（Q/GDW 1799.2—2013）第15.2.1.11 条

续表

督查项目	督查内容	督查方法	督查依据
1. 电缆检修	1.4 查电缆井内工作时，是否只打开一只井盖（单眼井除外）	现场检查	《国家电网公司电力安全工作规程 线路部分》（Q/GDW 1799.2—2013）第15.2.1.12条
	1.5 查电缆隧道是否有充足的照明，是否有防火、防水、通风措施	现场检查	《国家电网公司电力安全工作规程 线路部分》（Q/GDW 1799.2—2013）第15.2.1.12条 《国家电网有限公司同作业安全工作规定（试行）》第二十七条
	1.6 查进入电缆井、电缆隧道前是否采取防止人员中毒、窒息的安全措施，是否有气体检测记录	现场检查	《国家电网公司电力安全工作规程 线路部分》（Q/GDW 1799.2—2013）第15.2.1.12条 《国家电网有限公司同作业安全工作规定（试行）》第二十四、二十五条
2. 电缆敷设	2.1 查电缆敷设时是否有专人指挥，并保持通信畅通	现场检查	《国家电网有限公司电力建设安全工作规程 第2部分：线路》（Q/GDW 11957.2—2020）第14.2.4条
	2.2 查电缆放线架是否放置牢固平稳，电缆盘有无可靠制动措施	现场检查	《国家电网有限公司电力建设安全工作规程 第2部分：线路》（Q/GDW 11957.2—2020）第14.2.7条
	2.3 查电缆通过孔洞、管子或楼板时，两侧是否在安全位置监护	现场检查	《国家电网有限公司电力建设安全工作规程 第2部分：线路》（Q/GDW 11957.2—2020）第14.2.14条
	2.4 查用输送机敷设电缆时，所有敷设设备是否固定牢固，作业人员是否站在滑轮前进方、并站在安全位置	现场检查	《国家电网有限公司电力建设安全工作规程 第2部分：线路》（Q/GDW 11957.2—2020）第14.2.12条
	2.5 查用滑轮敷设电缆时，作业人员是否站在滑轮前进方向，在滑轮滚动时是否用手搬动滑轮	现场检查	《国家电网有限公司电力建设安全工作规程 第2部分：线路》（Q/GDW 11957.2—2020）第14.2.13条
3. 电缆终端作业	3.1 查在电缆终端施工区域下方是否设置围栏或采取其他保护措施，是否有关人员在作业地点下方通行或逗留	现场检查	《国家电网有限公司电力建设安全工作规程 第2部分：线路》（Q/GDW 11957.2—2020）第14.3.2条
	3.2 查工井内进行电缆中间接头安装时，压力容器是否摆放在井口位置，是否远离明火作业区域	现场检查	《国家电网有限公司电力建设安全工作规程 第2部分：线路》（Q/GDW 11957.2—2020）第14.3.6条
	3.3 查使用携带型火炉或喷灯时，火焰与带电部分的安全距离是否符合要求	现场检查	《国家电网有限公司电力建设安全工作规程 第2部分：线路》（Q/GDW 11957.2—2020）第14.3.8条

续表

督查项目	督查内容	督查方法	督查依据
4. 电缆试验	4.1 查耐压试验前，被试电缆两端安全措施是否完善	现场检查	《国家电网有限公司电力建设安全工作规程 第 2 部分：线路》(Q/GDW 11957.2—2020) 第 14.4.1 条
	4.2 查试验过程更换试验引线时，作业人员是否戴绝缘手套	现场检查	《国家电网有限公司电力建设安全工作规程 第 2 部分：线路》(Q/GDW 11957.2—2020) 第 14.4.4 条
	4.3 查电缆耐压试验分相进行时，另外两相是否可靠接地	现场检查	《国家电网有限公司电力建设安全工作规程 第 2 部分：线路》(Q/GDW 11957.2—2020) 第 14.4.5 条
	4.4 查遇有雷雨及五级以上大风时是否停止户外高压试验	现场检查	《国家电网有限公司电力建设安全工作规程 第 2 部分：线路》(Q/GDW 11957.2—2020) 第 14.4.9 条

B.3　变电检修（适用省、地市、县供电公司现场督查）

督查项目	督查内容	督查方法	督查依据
变电一次检修督查标准 1. 一次检修作业	1.1 查检修设备各侧是否采取接地，是否在接地线保护范围内	现场检查	《国家电网公司电力安全工作规程 变电部分》(Q/GDW 1799.1—2013) 第 7.4.2、7.4.3、7.4.7 条
	1.2 查作业人员是否采取防护措施（SF$_6$ 设备解体作业，SF$_6$ 补气、放气时）	现场检查	《国家电网公司电力安全工作规程 变电部分》(Q/GDW 1799.1—2013) 第 11 条
	1.3 查远方控制回路是否全部断开（断路器、隔离开关检修时）	现场检查	《国家电网公司电力安全工作规程 变电部分》(Q/GDW 1799.1—2013) 第 7.2.2、7.2.3、7.2.4 条
	1.4 查禁止操作的隔离开关、断路器、检修人员出入口、工作地点、禁忌设备及危险工作点是否有安全标志	现场检查	《国家电网公司电力安全工作规程 变电部分》(Q/GDW 1799.1—2013) 第 7.5 条
	1.5 查开关柜内上、下触头在任一侧带电，是否采取止打开柜门的安全措施	现场检查	《国家电网公司电力安全工作规程 变电部分》(Q/GDW 1799.1—2013) 第 7.5.4 条；《国家电网设备〔2022〕89 号》关于进一步加强生产现场作业风险管控工作的通知》表 2-2 开关类设备检修工序风险率第 67 条

续表

督查项目	督查内容	督查方法	督查依据
1. 一次检修作业	1.6 查检修户外设备有感应电风险时，是否使用个人保安线或临时接地线	现场检查	《国家电网公司电力安全工作规程 变电部分》（Q/GDW 1799.1—2013）第7.4.4条
	1.7 查高压电缆、电容器等容性设备试验过程中，更换试验引线时，是否先对设备充分放电。作业人员是否戴好绝缘手套	现场检查	《国家电网公司电力安全工作规程 变电部分》（Q/GDW 1799.1—2013）第7.4.2、15.2.2.4条
2. 电气试验	2.1 查试验装置的金属外壳是否可靠接地，是否采用专用高压试验线，是否使用绝缘物支撑固定	现场检查	《国家电网公司电力安全工作规程 变电部分》（Q/GDW 1799.1—2013）第14.1.4条
	2.2 查试验现场是否规范设置遮栏或围栏。被试设备两端不在同一地点时，另一端是否派人看守	现场检查	《国家电网公司电力安全工作规程 变电部分》（Q/GDW 1799.1—2013）第14.1.5条
	2.3 查加压过程中是否有人监护并呼唱，操作人是否站在绝缘垫上	现场检查	《国家电网公司电力安全工作规程 变电部分》（Q/GDW 1799.1—2013）第14.1.6条
	2.4 查变更接线或试验结束时，是否首先断开试验电源、放电，并将升压设备的高压部分放电、短路接地	现场检查	《国家电网公司电力安全工作规程 变电部分》（Q/GDW 1799.1—2013）第14.1.7条
3. 高处作业	3.1 查在5级及以上大风以及暴雨、雷电、冰雹、大雾、沙尘暴等恶劣天气下的工作现场是否停止露天高处作业	现场检查	《国家电网公司电力安全工作规程 变电部分》（Q/GDW 1799.1—2013）第18.1.16条
	3.2 查高处作业人员是否正确使用全方位安全带，在转移作业位置时是否失去安全保护	现场检查	《国家电网公司电力安全工作规程 变电部分》（Q/GDW 1799.1—2013）第18.1.9条
	3.3 查安全带的挂钩或绳子是否挂在牢固的构件上，或专为挂安全带用的钢丝绳上。使用是否规范	现场检查	《国家电网公司电力安全工作规程 变电部分》（Q/GDW 1799.1—2013）第18.1.8条
	3.4 查绝缘梯子是否合格，使用是否规范	现场检查	《国家电网公司电力安全工作规程 变电部分》（Q/GDW 1799.1—2013）第18.2条
	3.5 查作业人员上下脚手架是否走斜道或梯子（禁止沿脚手杆或栏杆等攀爬）	现场检查	《国家电网公司电力安全工作规程 变电部分》（Q/GDW 1799.1—2013）第18.1.10条

续表

督查项目	督查内容	督查方法	督查依据
4. 起重作业	4.1 查遇有6级以上大风时，是否开展露天起重工作	现场检查	《国家电网公司电力安全工作规程 变电部分》（Q/GDW 1799.1—2013）第17.1.7条
	4.2 查遇有大雾、照明不足、指挥人员看不清各工作地点或起重机操作人员未获有效指挥时，是否开展起重作业	现场检查	《国家电网公司电力安全工作规程 变电部分》（Q/GDW 1799.1—2013）第17.1.8条
	4.3 查起重物件是否绑扎牢固，工作负荷是否超过铭牌规定，起重搬运时是否由专人统一指挥	现场检查	《国家电网公司电力安全工作规程 变电部分》（Q/GDW 1799.1—2013）第17.1.3、17.1.4、17.2.1.4条
	4.4 查在带电设备区域内使用汽车吊、斗臂车、汽车车身是否使用不小于16mm²的软铜线可靠接地	现场检查	《国家电网公司电力安全工作规程 变电部分》（Q/GDW 1799.1—2013）第17.2.3.1条
	4.5 查起重使用的吊钩防脱钩装置是否完好，吊装带、钢丝绳（套）等起重工器具是否符合要求	现场检查	《国家电网公司电力安全工作规程 变电部分》（Q/GDW 1799.1—2013）第17.3条
	4.6 查起重机上是否备有合格灭火装置，驾驶室内是否存放橡胶绝缘垫（禁止存放易燃物品）	现场检查	《国家电网公司电力安全工作规程 变电部分》（Q/GDW 1799.1—2013）第17.2.1.2条
5. 动火作业	5.1 查焊接切割、电钻、喷灯、砂轮等动火现场是否正确使用变电站一、二级动火工作票	现场检查	《国家电网公司电力安全工作规程 变电部分》（Q/GDW 1799.1—2013）第16.6.2、16.6.3条
	5.2 查动火作业是否设专人监护并备有必要的消防器材	现场检查	《国家电网公司电力安全工作规程 变电部分》（Q/GDW 1799.1—2013）第16.6.10.5条
	5.3 查动火作业后是否及时清理现场并清除残留火种	现场检查	《国家电网公司电力安全工作规程 变电部分》（Q/GDW 1799.1—2013）第16.6.12条
	5.4 查风力超过5级时，是否露天进行焊接或切割工作	现场检查	《国家电网公司电力安全工作规程 变电部分》（Q/GDW 1799.1—2013）第16.6.10.8条
	5.5 查使用中的氧气瓶和乙炔气瓶放置是否规范	现场检查	《国家电网公司电力安全工作规程 变电部分》（Q/GDW 1799.1—2013）第16.5.11条

续表

督查项目	督查内容	督查方法	督查依据
6. 防误闭锁	6.1 查电气设备防误操作闭锁装置是否完善、防误装置运行状况是否良好	现场检查	《国家电网有限公司防止电气误操作安全管理规定》（国家电网安监〔2018〕1119号）第3.1.2.7条
	6.2 查是否有一次系统模拟图或电子接线图、是否与现场相符	现场检查	《国家电网有限公司防止电气误操作安全管理规定》（国家电网安监〔2018〕1119号）第3.1.2.3条
	6.3 查防误系统电气接线图中的断路器、隔离开关等设备运行状态是否与现场实际设备一致	现场检查	《国网设备部关于切实加强防止变电站电气误操作运维管理工作的通知》（设备变电〔2018〕51号）第一项第二项第4条
	6.4 查操作人员和检修人员是否擅自使用解锁工具（钥匙）、解锁工具（钥匙）使用后是否及时封存并做好记录	现场检查	《国家电网公司电力安全工作规程 变电部分》（Q/GDW 1799.1—2013）第5.3.6.5条
	6.5 查防误主机的交直流电源是否不同断供电电源	现场检查	《国家电网有限公司防止电气误操作安全管理规定》（国家电网安监〔2018〕1119号）第4.3.5条
7. 临时用电	7.1 查检修动力电源箱的支路开关是否加装剩余电流动作保护器	现场检查	《国家电网公司电力安全工作规程 变电部分》（Q/GDW 1799.1—2013）第16.3.5条
	7.2 查试验用闸刀是否有熔丝并带罩、被检修设备及试验仪器是否从运行设备上直接取试验电源、熔丝配合是否适当	现场检查	《国家电网公司电力安全工作规程 变电部分》（Q/GDW 1799.1—2013）第13.18条
	7.3 查移动电源、移动式电动机械、手持电动工具电源与电源系统是否匹配	现场检查	《国家电网公司电力安全工作规程 变电部分》（Q/GDW 1799.1—2013）第16.4.2.7条
8. 有限空间作业	8.1 查电缆隧道是否有充足的照明、并有防火、防水、通风措施	现场检查	《国家电网公司电力安全工作规程 变电部分》（Q/GDW 1799.1—2013）第15.2.1.11条 《国家电网有限公司有限空间作业安全工作规定（试行）》第二十七条
	8.2 查进入电缆井、电缆隧道等有限空间前、是否"先通风、再检测、后作业"	现场检查	《国家电网公司电力安全工作规程 变电部分》（Q/GDW 1799.1—2013）第15.2.1.11条 《国家电网有限公司有限空间作业安全工作规定（试行）》第二十条
	8.3 查电缆井、隧道内工作时、通风设备是否保持常开。在通风条件不良的电缆隧（沟）道内进行长距离巡视时、作业人员是否携带便携式有害气体测试仪及自救呼吸器	现场检查	《国家电网公司电力安全工作规程 变电部分》（Q/GDW 1799.1—2013）第15.2.1.11条 《国家电网有限公司有限空间作业安全工作规定（试行）》第十九条、二十一条、二十二条

续表

督查项目		督查内容	督查方法	督查依据
变电二次检修督查标准				
		1.1 查是否正确使用二次工作安全措施票，安全措施是否完备，与现场是否一致	现场检查	《国家电网公司电力安全工作规程 变电部分》（Q/GDW 1799.1—2013）第 13.3、13.4 条
		1.2 查在全部或部分带电的运行屏（柜）上进行工作时，是否将检修设备与运行设备以明显的标志隔开	现场检查	《国家电网公司电力安全工作规程 变电部分》（Q/GDW 1799.1—2013）第 13.8 条
		1.3 查电流互感器和电压互感器的二次绕组是否规范接地	现场检查	《国家电网公司电力安全工作规程 变电部分》（Q/GDW 1799.1—2013）第 13.12 条
		1.4 查带电的电压互感器、电流互感器二次回路上的工作，是否采取防止开路、短路的安全措施	现场检查	《国家电网公司电力安全工作规程 变电部分》（Q/GDW 1799.1—2013）第 13.13、13.14 条
		1.5 查清开运行设备和二次回路时，是否使用绝缘工具、外露的导电部分是否采取绝缘措施	现场检查	《国家电网公司电力安全工作规程 变电部分》（Q/GDW 1799.1—2013）第 13.10、12.4.2 条
		1.6 查保护行传动是否通知相关人员，是否派人到现场监视	现场检查	《国家电网公司电力安全工作规程 变电部分》（Q/GDW 1799.1—2013）第 13.11 条
		1.7 查清光纤回路工作时，是否采取防止激光对人眼光成伤害的防护措施	现场检查	《国家电网公司电力安全工作规程 变电部分》（Q/GDW 1799.1—2013）第 13.16 条
二次回路作业		1.8 查智能变电站一次设备停役时，相关 SV、GOOSE 连接片是否确已退出	现场检查	《继电保护和电网安全自动装置检验规程》（DL/T 995—2016）第 6.3.5.7.1 条
		1.9 查开启二次电缆沟盖板后，是否正确设置围栏并有人看守	现场检查	《国家电网公司电力安全工作规程 变电部分》（Q/GDW 1799.1—2013）第 7.5.2、15.2.1.10 条
直流检修督查标准				
1. 换流变作业		1.1 查阀厅内高压穿墙套管试验前是否通知阀厅外换流变压器上无关人员撤离，是否确认其余绕组已经可靠接地，是否派专人监护	现场检查	《国家电网公司电力安全工作规程 变电部分》（Q/GDW 1799.1—2013）第 14.5.4 条

续表

督查项目	督查内容	督查方法	督查依据
1. 换流变作业	1.2 查换流变压器高压试验前是否通知阀厅内高压穿墙套管侧无关人员撤离，阀厅内是否有人监护	现场检查	《国家电网公司电力安全工作规程 变电部分》（Q/GDW 1799.1—2013）第14.5.3条
	1.3 查更换冷却器风扇前是否切断电源	现场检查	《国家电网公司直流换流站换流变压器检修管理规定 第1分册 换流变压器检修细则》第3.4.5.1条
2. 换流阀作业	2.1 查进入阀体前是否取下安全帽及安全带上的保险钩	现场检查	《国家电网公司电力安全工作规程 变电部分》（Q/GDW 1799.1—2013）第18.3.1条
	2.2 查阀厅作业车工作时是否可靠接地	现场检查	《国家电网公司电力安全工作规程 变电部分》（Q/GDW 1799.1—2013）第18.3.1条
	2.3 查阀体工作时工作人员是否坐在阀体工作层的边缘	现场检查	《国家电网公司电力安全工作规程 变电部分》（Q/GDW 1799.1—2013）第18.3.2条
	2.4 查阀厅内工作（除巡视通道）时，阀厅是否已转检修	现场检查	《国家电网公司电力安全工作规程 变电部分》（Q/GDW 1799.1—2013）第5.1.12条
	2.5 查晶闸管试验时，与试验带电体距离是否大于0.7m	现场检查	《国家电网公司电力安全工作规程 变电部分》（Q/GDW 1799.1—2013）第14.5.1条
	2.6 查地面加压作业人员与阀层作业人员是否通过对讲机保持联系、阀层工作层是否设专责监护人，加压过程中是否有人监护并呼唱	现场检查	《国家电网公司电力安全工作规程 变电部分》（Q/GDW 1799.1—2013）第14.5.2条
3. 调相机作业	3.1 查换碳刷时是否扣紧袖口，发辫是否放在帽内并站在绝缘垫上	现场检查	《国家电网公司电力安全工作规程 变电部分》（Q/GDW 1799.1—2013）第10.6条
	3.2 查工作人员是否在转动中的电动机接地线上进行工作	现场检查	《国家电网公司电力安全工作规程 变电部分》（Q/GDW 1799.1—2013）第10.10条
	3.3 查工作人员是否在转动着的发电机、同期调相机的回路上工作，是否用手触摸高压绕组	现场检查	《国家电网公司电力安全工作规程 变电部分》（Q/GDW 1799.1—2013）第10.4条

续表

督查项目	督查内容	督查方法	督查依据
3. 调相机作业	3.4 查工作时是否站在绝缘垫上（该绝缘垫为常设固定型绝缘垫），是否同时接触两极或一极与接地部分，是否两人同时进行工作	现场检查	《国家电网公司电力安全工作规程 变电部分》(Q/GDW 1799.1—2013) 第 10.6 条
	3.5 查调相机检修工作是否在三相出口处装设接地线	现场检查	《国家电网公司电力安全工作规程 变电部分》(Q/GDW 1799.1—2013) 第 10.3 条
	3.6 查装有可以堵塞机内空气流通的自动闸板风门的检修机组，是否采取保证使风门不能关闭，以防窒息的措施	现场检查	《国家电网公司电力安全工作规程 变电部分》(Q/GDW 1799.1—2013) 第 10.3 条
4. 运维作业	4.1 查换流站直流系统是否采用程序操作（若程序操作不成功，在查明原因并经值班调控人员许可后可进行遥控分步操作）	现场检查	《国家电网公司电力安全工作规程 变电部分》(Q/GDW 1799.1—2013) 第 5.3.6.8 条
	4.2 查同一直流系统两端换流站间发生系统通信故障时，是否听取调控人员的指令配合执行	现场检查	《国家电网公司电力安全工作规程 变电部分》(Q/GDW 1799.1—2013) 第 5.3.6.15 条
	4.3 查双极直流输电系统单极停运检修时，是否进行双极公共区域设备等操作	现场检查	《国家电网公司电力安全工作规程 变电部分》(Q/GDW 1799.1—2013) 第 5.3.6.16 条
	4.4 查直流系统升降功率前是否确认功率设定值小于当前系统允许的最小功率或超过最大值	现场检查	《国家电网公司电力安全工作规程 变电部分》(Q/GDW 1799.1—2013) 第 5.3.6.17 条
	4.5 查手动切除交流滤波器（并联电容器）前，是否检查系统有足够的备用容量	现场检查	《国家电网公司电力安全工作规程 变电部分》(Q/GDW 1799.1—2013) 第 5.3.6.18 条
	4.6 查交流滤波器（并联电容器）退出运行后再次投入运行前是否留有充分放电时间	现场检查	《国家电网公司电力安全工作规程 变电部分》(Q/GDW 1799.1—2013) 第 5.3.6.19 条

B.4 配电检修

（适用省、地市、县供电公司现场督查）

督查项目		督查内容	督查方法	督查依据
配电线路检修督查标准				
1. 架空线路检修		1.1 查居民区和交通道路附近立、撤杆，是否设置警戒范围或警告标志，并派人看守	现场检查	《国家电网公司电力安全工作规程》（Q/GDW 10799.8—2023）第6.3.2条
		1.2 查是否严格落实登杆制度，登杆前是否检查杆根、杆身，拉线及基础加固措施，检查杆基是否夯实，有无浸水	现场检查	《国家电网公司电力安全工作规程》（Q/GDW 10799.8—2023）第6.2.1条
		1.3 查立、撤杆时是否设专人统一指挥，作业人员是否在安全距离之外	现场检查	《国家电网公司电力安全工作规程》（Q/GDW 10799.8—2023）第6.3.1、6.3.3条
		1.4 查放线、紧线时，工作人员是否在安全范围之内	现场检查	《国家电网公司电力安全工作规程》（Q/GDW 10799.8—2023）第6.4.1、6.4.7条
		1.5 查架空绝缘导线停电检修，开断或接入绝缘导线前是否做好防感应电措施	现场检查	《国家电网公司电力安全工作规程》（Q/GDW 10799.8—2023）第6.5.3条
		1.6 查在有分布式电源的线路上工作，是否采取防反送电措施，停电隔离点是否采取加锁、悬挂标示牌等措施	现场检查	《国家电网公司电力安全工作规程》（Q/GDW 10799.8—2023）第13.4.5、13.4.6条
		1.7 查起重作业时，吊钩未上升或下降、起吊、牵引过程中，受力钢丝绳及重物下方是否有人逗留或通过	现场检查	《国家电网公司电力安全工作规程》（Q/GDW 10799.8—2023）第16.2.3、16.2.11、16.2.12、16.2.13条
		1.8 查起吊物件绑扎情况，若物件有棱角或特别光滑的部位时，在棱角或光滑面与绳索（吊带）接触处是否加以包垫	现场检查	《国家电网公司电力安全工作规程》（Q/GDW 10799.8—2023）第16.2.2条
2. 邻近带电导线工作及同杆（塔）架设多回线路部分停电工作		2.1 查上层线路不停电工作时，是否有防止导（地）线脱落、滑跑的后备保护措施，更换绝缘子等工作时	现场检查	《国家电网公司电力安全工作规程》（Q/GDW 10799.8—2023）第6.6.6条
		2.2 查邻近带电线路工作，导线及牵引机具是否接地，是否使用绝缘无极绳索，是否设专人监护	现场检查	《国家电网公司电力安全工作规程》（Q/GDW 10799.8—2023）第6.6.2、6.6.3条

续表

督查项目	督查内容	督查方法	督查依据
2. 邻近带电导线及同杆(塔)架设多回线路部分停电工作	2.3 查与带电线路平行、邻近或交叉跨越的线路停电检修，是否有防止误登杆塔的安全措施	现场检查	《国家电网公司电力安全工作规程（配电部分）》（Q/GDW 10799.8—2023）第 6.6 条
	2.4 查起重机上是否备有合格的灭火装置；驾驶室内是否铺橡胶绝缘垫；在带电设备区域内使用起重机等设备时，设备是否安装接地线并可靠接地	现场检查	《国家电网公司电力安全工作规程（配电部分）》（Q/GDW 10799.8—2023）第 16.2.9、16.2.13 条
	2.5 查在同杆架设时，是否满足安全距离的要求，是否采取防止误登有电线路的安全措施，是否每基杆塔都设专人监护	现场检查	《国家电网公司电力安全工作规程（配电部分）》（Q/GDW 10799.8—2023）第 6.6.4、6.6.7、6.7.5 条
3. 带电作业	3.1 查带电作业是否按规定履行审批手续，作业环境条件是否符合要求	现场检查	《国家电网公司电力安全工作规程（配电部分）》（Q/GDW 10799.8—2023）第 9.1.4、9.1.5 条
	3.2 查带电作业人员是否经过专业培训，是否在专责监护人监护下进行工作	现场检查	《国家电网公司电力安全工作规程（配电部分）》（Q/GDW 10799.8—2023）第 9.1.2、9.1.3 条
	3.3 查带电作业机具是否合格，是否规范使用	现场检查	《国家电网公司电力安全工作规程（配电部分）》（Q/GDW 10799.8—2023）第 9.2.6、9.2.7 条
4. 高处作业	4.1 查高处作业是否正确使用安全带，是否在露天恶劣天气下进行露天高处作业	现场检查	《国家电网公司电力安全工作规程（配电部分）》（Q/GDW 10799.8—2023）第 17.1.9、17.2.2、17.2.4 条
	4.2 查高处作业下方是否装设遮拦，工作地点下方是否有人通行或停留	现场检查	《国家电网公司电力安全工作规程（配电部分）》（Q/GDW 10799.8—2023）第 17.1.13 条
	4.3 查高处作业是否使用工具袋，并挂在牢固的构件上，工作、边角余料是否放置在牢靠的地方或用铁丝绑牢并有防止坠落的措施	现场检查	《国家电网公司电力安全工作规程（配电部分）》（Q/GDW 10799.8—2023）第 17.1.12 条
5. 电力电缆工作	5.1 查电缆隧道是否有充足的照明，并有防火、防水、通风措施，是否采取防气体中毒措施	现场检查	《国家电网有限公司有限空间作业安全工作规定（试行）》（安监二〔2021〕25 号）第二十九条；《国家电网公司电力安全工作规程（配电部分）》（Q/GDW 10799.8—2023）第 12.1.3、12.2.2 条

续表

督查项目	督查内容	督查方法	督查依据
5.电力电缆工作	5.2 查挖路施工是否做好防止交通事故的安全措施	现场检查	《国家电网公司电力安全工作规程 10799.8—2023）第 12.2.1 条 第 8 部分：配电部分》（Q/GDW
	5.3 查沟（槽）开挖是否采取措施防止土层塌方，查在特殊地点附近挖沟（槽）时是否设置监护人	现场检查	《国家电网公司电力安全工作规程 10799.8—2023）第 12.2.1 条 第 8 部分：配电部分》（Q/GDW
	5.4 查带电移动电缆接头时是否采取相应安全措施	现场检查	《国家电网公司电力安全工作规程 10799.8—2023）第 12.2.7 条 第 8 部分：配电部分》（Q/GDW
	5.5 查开断电缆前是否采取电缆接地措施	现场检查	《国家电网公司电力安全工作规程 10799.8—2023）第 12.2.8 条 第 8 部分：配电部分》（Q/GDW
	5.6 查电缆试验时是否装设遮拦、试验装置的金属外壳是否可靠接地；电源开关是否满足安全电源要求，电缆另一端是否做好安全措施，是否有人看守，是否采取防止人员误入的安全措施	现场检查	《国家电网公司电力安全工作规程 10799.8—2023）第 11.2.3、11.2.4、11.2.5、12.3.1 条 第 8 部分：配电部分》（Q/GDW
	5.7 查在重点防火部位、场所及禁止明火的区域动火或明火作业时是否使用动火票，是否配备足够的消防器材及设专人监护	现场检查	《国家电网公司电力安全工作规程 10799.8—2023）第 15.2.1、15.2.2、15.2.11.5 条 第 8 部分：配电部分》（Q/GDW
6.砍剪树木	6.1 查使用油锯或电锯作业时，是否由熟悉机械性能和操作方法的人员操作	现场检查	《国家电网公司电力安全工作规程 10799.8—2023）第 5.3.9 条 第 8 部分：配电部分》（Q/GDW
	6.2 查砍剪山坡树木时是否做好防止树木向下弹跳接近导线的措施	现场检查	《国家电网公司电力安全工作规程 10799.8—2023）第 5.3.5 条 第 8 部分：配电部分》（Q/GDW
	6.3 查是否在风力超过 5 级时剪高出或接近导线的树木	现场检查	《国家电网公司电力安全工作规程 10799.8—2023）第 5.3.8 条 第 8 部分：配电部分》（Q/GDW
配电设备检修督查标准			
1.变压器检修	1.1 查台架与杆塔固定是否牢固，接地体是否完好	现场检查	《国家电网公司电力安全工作规程 10799.8—2023）第 7.1.1 条 第 8 部分：配电部分》（Q/GDW

续表

督查项目	督查内容	督查方法	督查依据
1. 变压器检修	1.2 查在熔断器下部工作时是否有专人监护	现场检查	《国家电网公司电力安全工作规程 第 8 部分：配电部分》（Q/GDW 10799.8—2023）第 7.1.3 条
	1.3 查检修地点高低压侧是否短路接地或高压侧接地，低压侧采取绝缘遮蔽措施	现场检查	《国家电网公司电力安全工作规程 第 8 部分：配电部分》（Q/GDW 10799.8—2023）第 7.2.1、7.1.2、7.2.2 条
	1.4 查高处作业下方是否装设围栏，是否正确使用安全带，使用的工具、材料是否有防坠落措施	现场检查	《国家电网公司电力安全工作规程 第 8 部分：配电部分》（Q/GDW 10799.8—2023）第 17.1.9、17.1.11、17.1.13、17.2.2、17.2.4 条
2. 配电站、开关站检修	2.1 查环网柜部分停电工作时，警示及隔离措施是否执行到位	现场检查	《国家电网公司电力安全工作规程 第 8 部分：配电部分》（Q/GDW 10799.8—2023）第 7.3.3 条
	2.2 查检修地点人体与高压设备带电部分是否保持足够的安全距离	现场检查	《国家电网公司电力安全工作规程 第 8 部分：配电部分》（Q/GDW 10799.8—2023）第 7.3 条
	2.3 查接入高压配电网的分布式电源、并网点是否按规定设置符合要求的开断设备，电网侧能否可靠接地；查停电隔离点是否采取措施防止误送电	现场检查	《国家电网公司电力安全工作规程 第 8 部分：配电部分》（Q/GDW 10799.8—2023）第 13.1.1、13.1.2、13.4.6 条
	2.4 查配电变压器柜的柜门是否有防误入带电间隔的措施	现场检查	《国家电网公司电力安全工作规程 第 8 部分：配电部分》（Q/GDW 10799.8—2023）第 7.3.4 条
	2.5 查带电设备周围使用工器具时，是否有防误入带电人身触电措施	现场检查	《国家电网公司电力安全工作规程 第 8 部分：配电部分》（Q/GDW 10799.8—2023）第 7.3.6、7.3.7 条
	2.6 查现场是否规范使用梯子	现场检查	《国家电网公司电力安全工作规程 第 8 部分：配电部分》（Q/GDW 10799.8—2023）第 17.4 条
3. 计量、负控装置检修	3.1 查电流互感器、电压互感器试验时是否有反送电措施	现场检查	《国家电网公司电力安全工作规程 第 8 部分：配电部分》（Q/GDW 10799.8—2023）第 7.4.3 条
	3.2 查负荷控制装置安装、维护和检修工作不停电时，是否有防止误碰运行设备、误分闸的措施	现场检查	《国家电网公司电力安全工作规程 第 8 部分：配电部分》（Q/GDW 10799.8—2023）第 7.4.4 条

续表

督查项目	督查内容	督查方法	督查依据
4. 低压电气工作	4.1 查低压带电工作时，是否戴手套、护目镜，是否保持对地绝缘	现场检查	《国家电网公司电力安全工作规程（Q/GDW 10799.8—2023）》第8.1.1条《配电部分》第8部分：配电部分
	4.2 查低压带电作业时工具绝缘柄是否完好，查裸露的导电部位是否采取绝缘包裹措施	现场检查	《国家电网公司电力安全工作规程（Q/GDW 10799.8—2023）》第8.1.8条《配电部分》第8部分：配电部分
	4.3 查在配电柜（盘）内工作，相邻设备是否全部停电或采取绝缘遮蔽措施	现场检查	《国家电网公司电力安全工作规程（Q/GDW 10799.8—2023）》第8.2.6条《配电部分》第8部分：配电部分
5. 二次系统工作	5.1 查二次设备箱体是否接地，防二次设备误动措施是否落实	现场检查	《国家电网公司电力安全工作规程（Q/GDW 10799.8—2023）》第10.1.3、10.3.5、10.4.2条《配电部分》第8部分：配电部分
	5.2 查在二次运行屏（柜）上工作或检修设备时，是否与运行设备以明显的标志隔开	现场检查	《国家电网公司电力安全工作规程（Q/GDW 10799.8—2023）》第10.3.2条《配电部分》第8部分：配电部分
6. 高压试验与测量工作	6.1 查直接接触设备的电气测量是否做好防人身触电的安全措施，查试验装置的金属外壳是否可靠接地	现场检查	《国家电网公司电力安全工作规程（Q/GDW 10799.8—2023）》第11.1.2、11.2.3、11.2.4条《配电部分》第8部分：配电部分
	6.2 查试验现场是否装设遮拦（围栏），是否与试验设备高压部分保持足够的安全距离；查被试设备不在同一地点时，另一端是否做好安全防护措施	现场检查	《国家电网公司电力安全工作规程（Q/GDW 10799.8—2023）》第11.2.5条《配电部分》第8部分：配电部分
	6.3 查使用钳形电流表开展测量工作时，是否按规定做好安全措施	现场检查	《国家电网公司电力安全工作规程（Q/GDW 10799.8—2023）》第11.3.1条《配电部分》第8部分：配电部分
	6.4 查使用绝缘电阻表测量绝缘电阻时，设备所有可能来电侧的断路器（隔离开关）是否断开被测回路	现场检查	《国家电网公司电力安全工作规程（Q/GDW 10799.8—2023）》第11.3.2.1条《配电部分》第8部分：配电部分
7. 起重作业	7.1 查起重机上，是否备有合格的灭火装置，驾驶室内是否铺橡胶绝缘垫；在带电区域内使用起重机等起重设备时，设备是否装设接地线并可靠接地	现场检查	《国家电网公司电力安全工作规程（Q/GDW 10799.8—2023）》第16.2.9、16.2.13条《配电部分》第8部分：配电部分
	7.2 查起吊物件是否绑扎牢固，若物件有棱角或特别光滑的部位时，在棱角或光滑面与绳索（吊带）接触处是否加以包垫	现场检查	《国家电网公司电力安全工作规程（Q/GDW 10799.8—2023）》第16.2.2条《配电部分》第8部分：配电部分

续表

督查项目	督查内容	督查方法	督查依据
7. 起重作业	7.3 查在起吊过程中，吊物上是否站人、作业人员是否站利用吊钩来上升或下降、重物的下面、是否有人逗留或通过	现场检查	《国家电网公司电力安全工作规程　第8部分：配电部分》(Q/GDW 10799.8—2023) 第16.2.3、16.2.11、16.2.12 条
	7.4 查两台及以上链条葫芦起吊同一重物时，重物的自重是否大于每台链条葫芦的允许起重量	现场检查	《国家电网公司电力安全工作规程　第8部分：配电部分》(Q/GDW 10799.8—2023) 第14.2.6.3 条
8. 动火作业	8.1 查在重点防火部位、场所及禁止明火的区域动火或间接产生明火的作业是否使用动火票	现场检查	《国家电网公司电力安全工作规程　第8部分：配电部分》(Q/GDW 10799.8—2023) 第15.2.1、15.2.2 条
	8.2 查动火火作业是否有专人监护，是否清除动火现场的易燃物，是否配备足够的消防器材，查动火间断或终结时，是否清理现场，是否检查有无残留火种	现场检查	《国家电网公司电力安全工作规程　第8部分：配电部分》(Q/GDW 10799.8—2023) 第15.2.11.5、15.2.11.7 条
	8.3 查是否禁止动火下动火作业	现场检查	《国家电网公司电力安全工作规程　第8部分：配电部分》(Q/GDW 10799.8—2023) 第15.2.11.8 条
	8.4 查氧气瓶是否与乙炔气瓶、易燃物品或有其他可燃气体的容器放在一起运送；查动火作业中使用的机具、气瓶等是否合格、完整	现场检查	《国家电网公司电力安全工作规程　第8部分：配电部分》(Q/GDW 10799.8—2023) 第15.1.2、15.3.3 条

B.5　配电施工（适用省、地市、县供电公司现场督查）

督查项目	督查内容	督查方法	督查依据
线路施工督查标准			
1. 配电线路	1.1 查坑洞开挖前、开挖期间的防护措施、安全措施落实情况	现场检查	《国家电网公司电力安全工作规程　第8部分：配电部分》(Q/GDW 10799.8—2023) 第6.1 条
	1.2 查杆塔基础附近开挖时工作人员是否执行防护措施、现场加装临时拉线是否符合要求	现场检查	《国家电网公司电力安全工作规程　第8部分：配电部分》(Q/GDW 10799.8—2023) 第6.1.8 条

续表

督查项目	督查内容	督查方法	督查依据
1. 配电线路	1.3 查混凝土工程施工方案是否按规定进行审批、论证，开展安全技术交底，作业时时严格作业票管理	现场检查	《国家电网有限公司电力建设安全工作规程 第2部分：线路》（Q/GDW 11957.2—2020）第5.1.5条
	1.4 查在有电缆、光缆及管道等地下设施的地方开挖时，是否事先取得有关管理部门的同意，并有相应的安全措施并有专人监护	现场检查	《国家电网有限公司电力建设安全工作规程 第2部分：线路》（Q/GDW 11957.2—2020）第10.1.1.1条
	1.5 查线杆起滚动前方是否有人。线杆顺向移动时，是否随时将支垫处用木楔掩牢	现场检查	《国家电网有限公司电力建设安全工作规程 第2部分：线路》（Q/GDW 11957.2—2020）第11.2.1条
	1.6 查作业人员杆塔作业前准备工作情况，杆塔作业、杆塔检修（施工）时的安全措施执行情况	现场核查	《国家电网公司电力安全工作规程 第8部分：配电部分》（Q/GDW 10799.8—2023）第6.2.1、6.4条
	1.7 邻近带电线路作业时，放线、紧线、撤线作业，是否使用绝缘绳索传递，较大的工具是否用绳栓在车间的构件上	现场核查	《国家电网公司电力安全工作规程 第8部分：配电部分》（Q/GDW 10799.8—2023）第17.1.5条
	1.8 查高空绝缘导线，同搭多回部分停电工作时的安全措施设置情况	现场核查	《国家电网公司电力安全工作规程 第8部分：配电部分》（Q/GDW 10799.8—2023）第6.5、6.6、6.7条
	1.9 查牵引过程中人员受力钢丝绳的周围、上下方、转向滑车内角侧，吊臂和起吊物的下面，是否有人逗留或通过	现场检查	《国家电网公司电力安全工作规程 第8部分：配电部分》（Q/GDW 10799.8—2023）第16.2.3条
2. 电缆施工	2.1 查施工单位是否派专人指挥电缆敷设施工，是否落实现场安全措施	现场检查	《国家电网有限公司电力建设安全工作规程 第2部分：线路》（Q/GDW 11957.2—2020）第14.2.4条
	2.2 查电缆直埋敷设施工的勘察情况，防坍塌措施	检查现场	《国家电网公司电力安全工作规程 第8部分：配电部分》（Q/GDW 10799.8—2023）第12.2.1条
	2.3 查电缆展放敷设过程中，转弯处是否设专人监护；电缆通过孔洞、管子或楼板板时，两侧是否设专人监护人	现场检查	《国家电网有限公司电力建设安全工作规程 第2部分：线路》（Q/GDW 11957.2—2020）第14.2.14条
	2.4 查电缆悬吊保护措施，电缆隧道内工作时的通风情况、记录	检查勘察记录询问地下管线分布情况	《国家电网公司电力安全工作规程 第8部分：配电部分》（Q/GDW 10799.8—2023）第12.2.1.8、12.2.2.2条

续表

督查项目		督查内容	督查方法	督查依据
2. 电缆施工		2.5 查开断电缆前，开启电缆井井盖、电缆沟盖板及电缆隧道人孔盖后的安全措施情况	检查现场	《国家电网公司电力安全工作规程》（Q/GDW 10799.8—2023） 第8部分：配电部分：12.2.5、12.2.6、12.2.8. 条
		2.6 查非开挖施工、电缆试验过程中，电缆试验结束时的安全措施	检查气体检测仪及记录询问现场安全措施	《国家电网公司电力安全工作规程》（Q/GDW 10799.8—2023） 第8部分：配电部分：12.2.15、12.3 条
		2.7 查有限空间作业是否遵循五条规定进行、是否先通风、再检测、后再检测	现场检查	《国家电网有限公司空间作业安全规定（试行）》（安监二〔2021〕25号）
3. 高处作业		3.1 查高处作业是否具备安全工作条件、是否设置安全措施、人员、设备资质是否符合要求	现场检查	《国家电网公司电力安全工作规程》（Q/GDW 10799.8—2023） 第8部分：配电部分：17.1.2 条
		3.2 查高处作业是否使用工具袋或用绳索拴在牢固的构件上、传递材料、工器具是否使用绳索	现场检查	《国家电网公司电力安全工作规程》（Q/GDW 10799.8—2023） 第8部分：配电部分：17.1.5 条
		3.3 查高处作业人员的安全措施及登高器具的规范使用要求是否落实到位	现场检查	《国家电网公司电力安全工作规程》（Q/GDW 10799.8—2023） 第8部分：配电部分：17.1.3 条
设备安装安全				
1. 变压器安装		1.1 查变压器底部距离地面的高度是否大于 2.5m	现场检查	《国家电网有限公司电力建设安全工作规程 第1部分：变电》（Q/GDW 11957.1—2020） 第6.5.2条
		1.2 查组立后的支柱是否有倾斜、下沉及支柱基础积水等现象	检查作业票，询问安全措施	《国家电网有限公司电力建设安全工作规程 第1部分：变电》（Q/GDW 11957.1—2020） 第6.5.2条
		1.3 查地面安装平台的变压器，平台是否高出地面 0.5m，四周是否高设安全高度设设不低于 1.8m 围栏，并设安全标识	现场检查	《国家电网有限公司电力建设安全工作规程 第1部分：变电》（Q/GDW 11957.1—2020） 第6.5.2条
		1.4 查变压器引线与电缆连接时，电缆及其终端头是否与变压器壳直接接触	现场检查	《国家电网有限公司电力建设安全工作规程 第1部分：变电》（Q/GDW 11957.1—2020） 第6.5.2条
		1.5 高处作业是否装设围栏，使用的工具材料是否正确使用安全带，是否有防坠落措施	现场检查	《国家电网公司电力安全工作规程》（Q/GDW 10799.8—2023） 第8部分：配电部分：17.1.4、17.1.5、17.1.7、17.1.10、17.1.11、17.1.12、17.1.13、17.2.2、17.2.4 条

续表

督查项目	督查内容	督查方法	督查依据
2. 配电站、开关站安装	2.1 查盘、柜就位时是否有防止倾倒伤人和损坏设备的措施，撬动就位时人力是否足够，并有统一指挥	现场检查	《国家电网有限公司电力建设安全工作规程 第1部分：变电》（Q/GDW 11957.1—2020）第11.10条
	2.2 查开关柜、低压配电屏、保护盘、控制盘及各式操作箱等部分带电时，是否采取相应措施	现场检查	《国家电网有限公司电力建设安全工作规程 第1部分：变电》（Q/GDW 11957.1—2020）第11.10.8条
	2.3 施工区周围的孔洞是否采取可靠的措施进行遮盖，防止人员摔伤	现场检查	《国家电网有限公司电力建设安全工作规程 第1部分：变电》（Q/GDW 11957.1—2020）第11.10.7条
	2.4 查继电保护、配电自动化装置，安全自动装置及自动化监控系统试验或一次通电前，是否通知专人和有关人员，并指派专人到现场监视	现场检查	《国家电网公司电力安全工作规程 第8部分：配电部分》（Q/GDW 10799.8—2023）第10.4.1条
3. 高压试验与测量	3.1 查直接触设备的电气测量，是否做好防止人身触电的安全措施；夜间测量，照明是否充足	现场检查	《国家电网公司电力安全工作规程 第8部分：配电部分》（Q/GDW 10799.8—2023）第11.1条
	3.2 查试验装置的金属外壳外是否可靠接地，电源开关是否满足安全电源要求	现场检查	《国家电网公司电力安全工作规程 第8部分：配电部分》（Q/GDW 10799.8—2023）第11.2.3、11.2.4条
	3.3 查试验现场是否装设遮栏（围栏），试验人员与试验设备高压部分是否足够的安全距离	现场检查	《国家电网公司电力安全工作规程 第8部分：配电部分》（Q/GDW 10799.8—2023）第11.2.5、11.2.6条
	3.4 查被试设备不在同一地点时，另一端是否按规定做好安全防护措施	现场检查	《国家电网公司电力安全工作规程 第8部分：配电部分》（Q/GDW 10799.8—2023）第11.2条
	3.5 查试验使用的短路线是否规范	现场检查	《国家电网公司电力安全工作规程 第8部分：配电部分》（Q/GDW 10799.8—2023）第11.2.6条
	3.6 电缆耐压试验加压是否采取防止人员误入的安全措施	现场检查	《国家电网公司电力安全工作规程 第8部分：配电部分》（Q/GDW 10799.8—2023）第12.3.1条
4. 起重与运输	4.1 查起重运输人员、设备，及车辆是否具备工作条件，及牵引前的安排布置情况	现场检查	《国家电网公司电力安全工作规程 第8部分：配电部分》（Q/GDW 10799.8—2023）第16.2条

续表

督查项目	督查内容	督查方法	督查依据
4. 起重与运输	4.2 查起重作业的安全措施。查装卸电杆等物件时，是否采取防止滚动、移动伤人的措施	现场检查	《国家电网公司电力安全工作规程 第8部分：配电部分》（Q/GDW 10799.8—2023）第16.2、16.3条
	4.3 查运输工作布置情况。分散卸车时，每卸一根之前，是否防止其余杆件滚动；每卸完一处，是否将车上其余杆件绑扎牢固后继续运送	现场检查	《国家电网公司电力安全工作规程 第8部分：配电部分》（Q/GDW 10799.8—2023）第16.3.3条
	4.4 查起重设备的安全防护措施是否满足作业条件	现场检查	《国家电网公司电力安全工作规程 第8部分：配电部分》（Q/GDW 10799.8—2023）第16.1、16.2条
	4.5 查起重设备是否安装接地并可靠接地，截面是否大于16mm²	现场检查	《国家电网公司电力安全工作规程 第8部分：配电部分》（Q/GDW 10799.8—2023）第16.2.9条
	4.6 查起重机械的各种监测仪表是否完好齐全，安全阀、闭锁机构等安全装置是否完好可靠，灵敏可靠，是否利用限制器和限位装置代替操纵机构	现场检查	《国家电网有限公司电力建设安全工作规程 第1部分：变电》（Q/GDW 11957.1—2020）第7.3.7条
5. 临时用电	5.1 查配电系统是否实行三级配电，有无短路、过载保护器和剩余电流动作保护装置	现场检查	《国家电网有限公司电力建设安全工作规程 第1部分：变电》（Q/GDW 11957.1—2020）第6.5条
	5.2 查配电箱金属外壳接地或接零是否有带电体裸露采取固定措施，操作部位是否良好	现场检查	《国家电网有限公司电力建设安全工作规程 第1部分：变电》（Q/GDW 11957.1—2020）第6.5.4条
	5.3 查开关和熔断器的容量是否被保护设备的要求，闸刀开关是否有保护罩，是否用其他金属丝代替熔丝	现场检查	《国家电网有限公司电力建设安全工作规程 第1部分：变电》（Q/GDW 11957.1—2020）第6.5.4条
	5.4 查在光线不足的作业场所及同作业场所夜间作业时是否有足够的照明	现场检查	《国家电网有限公司电力建设安全工作规程 第1部分：变电》（Q/GDW 11957.1—2020）第6.5.4条
6. 动火作业	6.1 查动火人员资质，动火工器具的合格完整性，动火工作票的规范及消防器材准备情况	现场检查	《国家电网公司电力安全工作规程 第8部分：配电部分》（Q/GDW 10799.8—2023）第15.1、15.1.2、15.1.3条
	6.2 查现场动火作业的监护情况、焊接、切割工作规范情况	现场检查	《国家电网公司电力安全工作规程 第8部分：配电部分》（Q/GDW 10799.8—2023）第15.2、11.5条
	6.3 查氧气气瓶和乙炔气瓶运输、存储、放置情况	现场检查	《国家电网公司电力安全工作规程 第8部分：配电部分》（Q/GDW 10799.8—2023）第15.3.3、15.3.6条

B.6 基建线路施工（适用省、地市、县供电公司现场督查）

督查项目		督查内容	督查方法	督查依据
1. 索道运输		1.1 查索道支架是否稳固，支架拉线对地夹角是否超过45°	现场检查	《输变电工程建设施工安全风险管理规程》（Q/GDW 12152—2021）输变电工程风险等级表 04050003、04050004
		1.2 查限位和挡止装置是否齐全有效	现场检查	《国家电网有限公司电力建设安全工作规程 第2部分：线路》（Q/GDW 11957.2—2020）第9.5.5条
		1.3 查驱动装置是否设置在承载索下方	现场检查	《输变电工程建设施工安全风险管理规程》（Q/GDW 12152—2021）输变电工程风险等级表 04050003、04050004
		1.4 查智能线是否通信畅通	现场检查	《输变电工程建设施工安全风险管理规程》（Q/GDW 12152—2021）输变电工程风险等级表 04050003、04050004
		1.5 查索道是否经使用单位和监理单位验收、试运行合格	现场检查	《国家电网有限公司电力建设安全工作规程 第2部分：线路》（Q/GDW 11957.2—2020）第9.5.6条
		1.6 查各支架及牵引设备处是否安装临时接地装置	现场检查	《国家电网有限公司电力建设安全工作规程 第2部分：线路》（Q/GDW 11957.2—2020）第9.5.8条
		1.7 查索道运输是否有超载、运送人员现象，索道下方是否站人、驱动装置未停机时装卸人员有无违入装卸区域行为	现场检查	《国家电网有限公司电力建设安全工作规程 第2部分：线路》（Q/GDW 11957.2—2020）第9.5.12、9.5.14条
		1.8 查承载索的锚固、各种索具、拉线、索道支架是否经常检查，索引索的钳口使用中是否经常更换、定期更换	现场检查	《输变电工程建设施工安全风险管理规程》（Q/GDW 12152—2021）输变电工程风险等级表 04050003、04050004
2. 基础施工		2.1 查专业分包工程的重要临时设施、重要施工工序、特殊作业，重要工程作业时，危险性较大的分部分项工程项目以及危险作业单位是否派员监督	现场检查	《国家电网有限公司电力建设安全工作规程 第2部分：线路》（Q/GDW 11957.2—2020）第5.1条
		2.2 查爆破工程是否签订合同及安全协议、爆破单位和人员是否有相关资质，是否向当地公安部门申请、备案	现场检查	《国家电网有限公司电力建设安全工作规程 第2部分：线路》（Q/GDW 11957.2—2020）第10.2条
		2.3 查施工用电设施安装、运行、维护、拆除是否由专业电工负责，是否有定期检查记录、电源、电源线、配电箱等是否规范，是否满足"一机一闸一保护"要求等	现场检查	《国家电网有限公司电力建设安全工作规程 第2部分：线路》（Q/GDW 11957.2—2020）第6.3条

续表

督查项目	督查内容	督查方法	督查依据
2. 基础施工	2.4 查基坑边土以及放坡是否满足要求	现场检查	《国家电网有限公司电力建设安全工作规程》(Q/GDW 11957.2—2020) 第 10.1.6、10.1.7、10.1.8 条
	2.5 查凿岩机或风钻操作人员是否戴口罩和风镜	现场检查	《国家电网有限公司电力建设安全工作规程》(Q/GDW 11957.2—2020) 第 10.1.4.1 条
	2.6 查挖掘机开挖是否避让作业点周围的障碍物及架空线，人员是否进入挖斗内，是否在伸臂及挖斗下面通过或逗留	现场检查	《国家电网有限公司电力建设安全工作规程》(Q/GDW 11957.2—2020) 第 10.1.4.4 条
	2.7 查上下基坑是否有可靠的梯子，是否做好临边防护措施，作业人员是否在基坑内休息	现场检查	《国家电网有限公司电力建设安全工作规程》(Q/GDW 11957.2—2020) 第 10.1.5 条
	2.8 查作业人员是否在模板或撑木上走动	现场检查	《国家电网有限公司电力建设安全工作规程》(Q/GDW 11957.2—2020) 第 10.3.9 条
	2.9 查木模板外露的铁钉是否及时拔掉或打弯	现场检查	《国家电网有限公司电力建设安全工作规程》(Q/GDW 11957.2—2020) 第 10.3.6 条
	2.10 查振捣作业人员是否穿绝缘靴、戴绝缘手套	现场检查	《国家电网有限公司电力建设安全工作规程》(Q/GDW 11957.2—2020) 第 8.2.12.2 条
	2.11 查人工挖孔桩作业是否有专人监护，提土装置是否稳固，送排风设备、坑下照明及电动工器具是否符合安全用电要求，人员是否沿专用爬梯上下，是否落实"先通风、再检测，后作业"的措施，后备措施有应急处置措施	现场检查	《国家电网有限公司电力建设安全工作规程》(Q/GDW 11957.2—2020) 第 10.4.2 条 《输变电工程建设施工安全风险管理规程》(Q/GDW 12152—2021) 输变电工程风险基本等级表 04030700
3. 组塔施工	3.1 查作业区域是否设置遮栏等安全警示标志，非作业人员是否进入作业区	现场检查	《国家电网有限公司电力建设安全工作规程》(Q/GDW 11957.2—2020) 第 11.1.3 条
	3.2 查地脚螺栓是否加垫板并拧紧螺帽及打毛丝扣，接地线安装是否及时	现场检查	《国家电网有限公司电力建设安全工作规程》(Q/GDW 11957.2—2020) 第 11.1.8 条

右上角每行标注：线路：第 2 部分

续表

督查项目	督查内容	督查方法	督查依据
3. 组塔施工	3.3 查吊件垂直下方、受力钢丝绳的内角侧是否有人员逗留和通过	现场检查	《国家电网有限公司电力建设安全工作规程》(Q/GDW 11957.2—2020）第 11.1.8 条
	3.4 查钢丝绳与金属构件绑扎处是否衬垫软物、组立杆塔或抱杆的临时拉线材质是否符合要求	现场检查	《国家电网有限公司电力建设安全工作规程》(Q/GDW 11957.2—2020）第 11.1.8 条
	3.5 查机动绞磨是否锚固可靠、放置平稳，绞磨操作是否符合要求、绞磨受力时是否用松尾绳的方法卸荷	现场检查	《国家电网有限公司电力建设安全工作规程》(Q/GDW 11957.2—2020）第 8.2.13.1、8.2.13.2、8.2.13.3 条
	3.6 查临时锚桩是否按要求布设、马道与受力方向是否一致、是否有防雨水浸泡措施、是否用树木或外露岩石等承力不明物体作为主要受力锚地锚、是否经过检查验收	现场检查	《国家电网有限公司电力建设安全工作规程》(Q/GDW 11957.2—2020）第 11.1.6 条
	3.7 查总牵引地锚出土点、制动系统中心、抱杆顶点及杆塔中心四点是否在同一垂直面上、电杆的临时拉线数量是否满足要求、临时拉线在地面末固定前是否登杆作业	现场检查	《国家电网有限公司电力建设安全工作规程》(Q/GDW 11957.2—2020）第 11.4、11.5 条
	3.8 查采用内悬浮内（外）拉线抱杆分解组塔时、内拉线的下端、承托绳在主材节点下方、升降抱杆在主材节上的上方、拉线抱杆是否绑扎牢靠、多次对接组立铁杆是否采取倒装方式	现场检查	《国家电网有限公司电力建设安全工作规程》(Q/GDW 11957.2—2020）第 11.7 条
	3.9 查座地摇（平）臂抱杆组铁塔是否坐落在坚实稳固平整的地基或设计规定的基础上、摇臂的中部位置或缆车挂吊挂起吊是否悬挂起重装置设施或其他地临时拉线、平臂抱杆是否配置风速、风速等监控装置	现场检查	《国家电网有限公司电力建设安全工作规程》(Q/GDW 11957.2—2020）第 11.8 条
	3.10 查起重机支腿是否可靠、起吊作业是否在起重机的侧向和后向进行、与带电体之间是否满足安全距离、是否存在超载、斜拉、斜吊现象、起重臂下和重物经过的地方是否有人逗留或通过	现场检查	《国家电网有限公司电力建设安全工作规程》(Q/GDW 11957.2—2020）第 8.1、11.9 条

续表

督查项目	督查内容	督查方法	督查依据
4. 跨越施工	4.1 查跨越架材质、搭拆顺序是否符合有关规范要求	现场检查	《国家电网有限公司电力建设安全工作规程（Q/GDW 11957.2—2020）线路》第2部分：第12.1.1条
	4.2 查跨越架宽度、立杆、扫地杆、剪刀撑、撑杆、横杆间距、中心是否在线路中心线上、拉线设置、绑扎是否规范，中心是否在线路中心线上，拉线角	现场检查	《国家电网有限公司电力建设安全工作规程（Q/GDW 11957.2—2020）线路》第2部分：第12.1.4、12.1.6条
	4.3 查跨越搭设与被跨越物的最小安全距离是否符合规程规定	现场检查	《国家电网有限公司电力建设安全工作规程（Q/GDW 11957.2—2020）线路》第2部分：第12.1.1.7条
	4.4 查地锚埋设、防雨措施是否规范，拉线规格、角度、绳索尾头绑扎是否符合规程	现场检查	《国家电网有限公司电力建设安全工作规程（Q/GDW 11957.2—2020）线路》第2部分：第11.1.6条
	4.5 查跨越架是否经验收合格，挂牌使用	现场检查	《国家电网有限公司电力建设安全工作规程（Q/GDW 11957.2—2020）线路》第2部分：第12.1.1.11条
	4.6 查不停电跨越是否具电力线路第二种工作票，是否执行"退出重合闸"程序，跨越处是否设置监护、跨越塔是否有二道保护、绝缘网、绝缘绳、安全距离等是否符合安全规程要求	现场检查	《国家电网有限公司电力建设安全工作规程（Q/GDW 11957.2—2020）线路》第2部分：第13.2条
	4.7 查停电跨越是否具电力线路第一种工作票，停电、验电、挂拆接地线，恢复送电程序是否规范	现场检查	《国家电网有限公司电力建设安全工作规程（Q/GDW 11957.2—2020）线路》第2部分：第13.3条
5. 架线施工	5.1 查导、地线区域是否设置安全警示标志，非作业人员是否进入作业区	现场检查	《国家电网有限公司电力建设安全工作规程（Q/GDW 11957.2—2020）线路》第2部分：第11.1.3条
	5.2 查导、地线展放是否做到专人指挥，信号统一、通信畅通、沿线跨越处是否有人监护	现场检查	《国家电网有限公司电力建设安全工作规程（Q/GDW 11957.2—2020）线路》第2部分：第12.2.1、12.2.8条
	5.3 查放线滑车、网套、卡线器、旋转及抗弯连接器是否有缺陷，规格是否正确，线盘支架、使用是否规范，线盘支架是否稳固	现场检查	《国家电网有限公司电力建设安全工作规程（Q/GDW 11957.2—2020）线路》第2部分：第8.3.8～8.3.11、12.2.3～12.2.6条
	5.4 查作业人员是否站在线圈内操作，牵引过程中牵引绳卷车与钢丝绳侧的内角侧进人的主牵引机高速转向滑车与钢丝绳侧的内角侧是否有人	现场检查	《国家电网有限公司电力建设安全工作规程（Q/GDW 11957.2—2020）线路》第2部分：第12.2.7、12.3.9条

续表

督查项目	督查内容	督查方法	督查依据
5. 架线施工	5.5 查引绳展放是否符合安全规程要求（含人力展放及无人机等方式）	现场检查	《国家电网有限公司电力建设安全工作规程》(Q/GDW 11957.2—2020) 第2部分：线路 第12.2.10、12.3.6条
	5.6 查牵引设备及张力设备的锚固是否可靠，接地是否良好	现场检查	《国家电网有限公司电力建设安全工作规程》(Q/GDW 11957.2—2020) 第2部分：线路 第12.3.7条
	5.7 查转角杆塔放线时的预倾措施和导线上扬处的压接措施是否可靠	现场检查	《国家电网有限公司电力建设安全工作规程》(Q/GDW 11957.2—2020) 第2部分：线路 第12.3.7条
	5.8 查压接角作业是否正确执行压接规程和施工方案	现场检查	《国家电网有限公司电力建设安全工作规程》(Q/GDW 11957.2—2020) 第2部分：线路 第12.4条
	5.9 查紧线杆塔临时拉线及临锚是否规范、接地地线的垂直下方，是否有人站在悬空导线、接地地线地面的导线或接地地线	现场检查	《国家电网有限公司电力建设安全工作规程》(Q/GDW 11957.2—2020) 第2部分：线路 第12.6.4、12.6.10条
	5.10 查高处安装耐张线夹时是否采取防跑线措施	现场检查	《国家电网有限公司电力建设安全工作规程》(Q/GDW 11957.2—2020) 第2部分：线路 第12.6.7条
	5.11 查附件安装时安全绳或速差自控器是否拴在横担主材上，安装间隔棒时是否使用后备保护绳，在带电线路上方的导线跨越放线滑车轮放线时是否直接用人力，拆除多轮放线滑车距离地面的绝缘绳、拆除跨越架的绝缘绳松放	现场检查	《国家电网有限公司电力建设安全工作规程》(Q/GDW 11957.2—2020) 第2部分：线路 第12.7条
	5.12 查平衡挂线时是否在同一相邻耐张段的同相（极）导线上进行其他作业	现场检查	《国家电网有限公司电力建设安全工作规程》(Q/GDW 11957.2—2020) 第2部分：线路 第12.8.1条
	5.13 查预防电击措施是否落实，工作接地线和保安接地线使用是否规范管理和使用	现场检查	《国家电网有限公司电力建设安全工作规程》(Q/GDW 11957.2—2020) 第2部分：线路 第12.10条
6. 拆旧施工	6.1 查是否根据现场实际选择合理的拆除方式	现场检查	《国家电网有限公司电力建设安全工作规程》(Q/GDW 11957.2—2020) 第2部分：线路 第11.11条
	6.2 查是否在塔上有导、地线的情况下整体拆除	现场检查	《国家电网有限公司电力建设安全工作规程》(Q/GDW 11957.2—2020) 第2部分：线路 第11.11.1条

续表

督查项目	督查内容	督查方法	督查依据
	6.3 查整体倒塔时是否明确倒塔方向并采取控制措施、是否设立 1.2 倍倒杆距离警戒区，是否安排专人巡查监护	现场检查	《国家电网有限公司电力建设安全工作规程 第2部分：线路》（Q/GDW 11957.2—2020）第11.11.3条
	6.4 查分解拆除铁塔时是否按照组塔的逆顺序操作，是否先拆待拆构件受力后，再拆除连接螺栓	现场检查	《国家电网有限公司电力建设安全工作规程 第2部分：线路》（Q/GDW 11957.2—2020）第11.11.3条
	6.5 查拆除杆塔前是否转换构件承力方式或对其进行补强	现场检查	《国家电网有限公司电力建设安全工作规程 第2部分：线路》（Q/GDW 11957.2—2020）第11.11.4条
6. 拆旧施工	6.6 查使用起重机作业，气（焊）割作业时是否遵守相关规定	现场检查	《国家电网有限公司电力建设安全工作规程 第2部分：线路》（Q/GDW 11957.2—2020）第11.11.5条
	6.7 查拆除后的废旧塔材及基础是否存在安全隐患	现场检查	《国家电网有限公司电力建设安全工作规程 第2部分：线路》（Q/GDW 11957.2—2020）第11.11.2条
	6.8 查拆除旧导、地线是否带张力断线，松线杆塔是否做好临时锚固措施，是否采用控制绳控制线尾	现场检查	《国家电网有限公司电力建设安全工作规程 第2部分：线路》（Q/GDW 11957.2—2020）第12.9.6条
	6.9 查以旧线牵引新线时旧线是否有缺陷，是否采取措施确保新旧线连接可靠，顺利通过滑车	现场检查	《国家电网有限公司电力建设安全工作规程 第2部分：线路》（Q/GDW 11957.2—2020）第12.9.7条

B.7 基建变电施工（适用省、地市、县供电公司现场督查）

督查项目	督查内容	督查方法	督查依据
1. 基础施工	1.1 查施工区域是否设围栏及安全警示标志，是否悬挂夜间警示灯	现场检查	《国家电网公司电力建设安全工作规程 第1部分：变电》（Q/GDW 11957.1—2020）第10.1.1.4条
	1.2 查开挖边坡是否设计要求，坑口、沟槽等坑边堆土是否满足要求，护坡措施是否到位，上下基坑是否有可靠扶梯或斜道	现场检查	《国家电网公司电力建设安全工作规程 第1部分：变电》（Q/GDW 11957.1—2020）第10.1.1.6、10.1.1.7、10.1.1.9条
	1.3 查机械停放、行走，机械开挖是否符合安全要求	现场检查	《国家电网公司电力建设安全工作规程 第1部分：变电》（Q/GDW 11957.1—2020）第10.1.5.3条

47

续表

督查项目	督查内容	督查方法	督查依据
1. 基础施工	1.4 查模板安装、拆顺序是否符合要求、模板支撑杆件是否符合强度要求	现场检查	《国家电网公司电力建设安全工作规程 第1部分：变电》（Q/GDW 11957.1—2020）第10.4.2.1条
	1.5 查材料堆放是否符合要求、是否按要求摆放梯子、搭设操作平台	现场检查	《国家电网公司电力建设安全工作规程 第1部分：变电》（Q/GDW 11957.1—2020）第6.4.1、10.6.2、10.7.12条
	1.6 查现场脚手架搭设是否与施工方案一致、作业人员是否持证上岗、脚手架是否验收合格并悬挂安全警示标志、是否设置防雷接地措施、地锚设置是否合理有效、是否定期检查维护	现场检查	《国家电网公司电力建设安全工作规程 第1部分：变电》（Q/GDW 11957.1—2020）第10.3.1、10.3.2、10.3.3、10.3.4条
2. 一次设备安装	2.1 查起重操作人员是否持证上岗、是否有专人指挥吊车、高处作业人员是否佩戴使用安全带	现场检查	《国家电网公司电力建设安全工作规程 第1部分：变电》（Q/GDW 11957.1—2020）第7.1.5、7.3.25条
	2.2 查工器具是否在绳、严防工具及架空杂物遗留在器身内	现场检查	《国家电网公司电力建设安全工作规程 第1部分：变电》（Q/GDW 11957.1—2020）第11.2.3条
	2.3 查施工现场是否有充足的消防器材、滤油等作业时相关设备、机械是否可靠接地	现场检查	《国家电网公司电力建设安全工作规程 第1部分：变电》（Q/GDW 11957.1—2020）第6.6.1、11.2.6、11.2.7条
	2.4 查断路器、隔离开关在合闸位置和未锁好时是否搬运和吊装，作业人员是否避开开关可动部分的动作空间，以防开关意外脱扣伤人	现场检查	《国家电网公司电力建设安全工作规程 第1部分：变电》（Q/GDW 11957.1—2020）第11.3.2、11.3.5条
	2.5 查是否有攀爬拖管行为、是否利用伞裙作为吊点吊装	现场检查	《国家电网公司电力建设安全工作规程 第1部分：变电》（Q/GDW 11957.1—2020）第11.5.1条
	2.6 查六氟化硫气瓶存放是否符合要求、防震圈是否齐全	现场检查	《国家电网公司电力建设安全工作规程 第1部分：变电》（Q/GDW 11957.1—2020）第11.3.4条
	2.7 查钢构支架堆放是否符合要求、吊装时是否设置缆风绳、是否设置水平、垂直安全绳、地锚及拉线设置是否正确、架构组立后是否及时接地	现场检查	《国家电网公司电力建设安全工作规程 第1部分：变电》（Q/GDW 11957.1—2020）第10.9.1、10.9.3、10.10条
	2.8 查液压机压力表是否完好、金具连接是否可靠、带电区域测量是否使用绝缘设备、新架设母线是否及时接地	现场检查	《国家电网公司电力建设安全工作规程 第1部分：变电》（Q/GDW 11957.1—2020）第11.11.1、11.11.4、12.2条

续表

督查项目	督查内容	督查方法	督查依据
3. 二次设备安装	3.1 查电缆盘结构是否牢靠固定平稳，电缆敷设是否由电专人指挥，是否有明确的联系信号	现场检查	《国家电网公司电力建设安全工作规程 第 1 部分：变电》（Q/GDW 11957.1—2020）第 11.12.2.3、11.12.2.4、11.12.2.7 条
	3.2 查电缆敷设时的拐弯处是否设专人监护，高处、临边敷设电缆是否有防坠落措施	现场检查	《国家电网公司电力建设安全工作规程 第 1 部分：变电》（Q/GDW 11957.1—2020）11.12.2.14、11.12.2.17 条
	3.3 查电缆穿入带电盘柜前电缆端头是否做绝缘包扎处理	现场检查	《国家电网公司电力建设安全工作规程 第 1 部分：变电》（Q/GDW 11957.1—2020）第 11.12.2.21 条
	3.4 查电缆隧道有无足够的照明，是否有防水、防火、通风措施，进入电缆隧道、电缆隧道井、电缆沟时是否坚持 "先通风、再检测、后作业" 的原则	现场检查	《国家电网公司电力建设安全工作规程 第 1 部分：变电》（Q/GDW 11957.1—2020）第 11.12.4.1、7.2.2 条
	3.5 查高压电缆头制作时是否配备足够的消防器材	现场检查	《国家电网公司电力建设安全工作规程 第 1 部分：变电》（Q/GDW 11957.1—2020）第 11.12.4.4 条
	3.6 查盘柜就位时，是否统一指挥，是否有防倾倒的措施	现场检查	《国家电网公司电力建设安全工作规程 第 1 部分：变电》（Q/GDW 11957.1—2020）第 11.10.2、11.10.4 条
	3.7 查盘柜需要部分带电时，带电系统与非带电系统是否有明显可靠的隔断措施并悬挂安全标示	现场检查	《国家电网公司电力建设安全工作规程 第 1 部分：变电》（Q/GDW 11957.1—2020）第 11.10.8 条
	3.8 查安装蓄运蓄电池是否带电做到轻搬轻放，是否触动极柱和安全阀，安装工器具是否带有绝缘手柄	现场检查	《国家电网公司电力建设安全工作规程 第 1 部分：变电》（Q/GDW 11957.1—2020）第 11.9.1、11.9.2、11.9.6 条
4. 试验调试	4.1 查试验设备是否检测合格，试验人员是否有试验专业知识，是否有两人及以上进行试验	现场检查	《国家电网公司电力建设安全工作规程 第 1 部分：变电》（Q/GDW 11957.1—2020）第 11.14.1.1、11.14.2.1 条
	4.2 查试验设备及被试设备（一次设备、高压电缆）及传动试验设备是否可靠接地，线路参数测试，耐压试验时是否设置安全围栏并设专人监护	现场检查	《国家电网公司电力建设安全工作规程 第 1 部分：变电》（Q/GDW 11957.1—2020）第 11.14.2.2、11.14.2.3 条
5. 改扩建施工	5.1 查工作区域是否设置安全围栏并悬挂警示标志	现场检查	《国家电网公司电力建设安全工作规程 第 1 部分：变电》（Q/GDW 11957.1—2020）第 12.1.2、12.3.3 条

续表

督查项目	督查内容	督查方法	督查依据
5. 改扩建施工	5.2 查工作票使用是否规范、人员、设备、机械等是否带电体保持足够的安全距离、机械、设备外壳是否可靠接地	现场检查	《国家电网公司电力建设安全工作规程 第1部分：变电》（Q/GDW 11957.1—2020）第12.1.3、12.1.4、12.1.5、12.2.3、12.3.2条
	5.3 查临近带电体施工是否有专人监护、隔离措施、现场施工是否有防感应电措施	现场检查	《国家电网公司电力建设安全工作规程 第1部分：变电》（Q/GDW 11957.1—2020）第12.2.1、12.4.3、12.4.1条
6. 施工用电	6.1 查是否按方案进行施工、安装、运行、维护是否由具有资质的专业电工负责、是否有定期检查记录	现场检查	《国家电网公司电力建设安全工作规程 第1部分：变电》（Q/GDW 11957.1—2020）第6.5.1条
	6.2 查电源箱是否坚固、外壳接地是否可靠、是否具有防火、防雨功能	现场检查	《国家电网公司电力建设安全工作规程 第1部分：变电》（Q/GDW 11957.1—2020）第6.5.4条
	6.3 查线路的材质、走向、埋深等是否符合要求、电缆接头是否有防水和防触电措施	现场检查	《国家电网公司电力建设安全工作规程 第1部分：变电》（Q/GDW 11957.1—2020）第6.5.4条
	6.4 查配电箱的摆、送电的顺序是否正确、剩余电流动作保护器是否符合要求	现场检查	《国家电网公司电力建设安全工作规程 第1部分：变电》（Q/GDW 11957.1—2020）第6.5.6条

B.8 营销专业（适用省、地市、县供电公司现场督查）

督查项目	督查标准	督查内容	督查方法	督查依据
1. 电能表、采集终端安装	装表接电标准	1.1 查工具的外裸导电部位是否采取绝缘措施	现场检查	《国家电网有限公司关于规范营销现场作业安全管理的指导意见》（国家电网营销〔2020〕29号）第22.1.1条
		1.2 查弱电控削回路处理时，是否有绝缘包裹等可靠的防止短路措施	现场检查	《国家电网有限公司关于规范营销现场作业安全管理的指导意见》（国家电网营销〔2020〕29号）第22.1.3条
		1.3 查接线回路是否采用标准统一的联合接线盒、防止接线压端子、防止留下电压回路短路或电流回路开路隐患	现场检查	《国家电网有限公司关于规范营销现场作业安全管理的指导意见》（国家电网营销〔2020〕29号）第22.1.2条

续表

督查项目	督查内容	督查方法	督查依据
1. 电能表、采集终端安装	1.4 查计量箱（柜）孔洞、空隙是否使用防火材料（防火泥、防火板）严密封堵措施	现场检查	《国家电网公司计量现场施工质量工艺规范》（营销计量[2016]16号）第3.1.6条
	1.5 查导线进出计量箱（柜）时，是否做好密封和防止绝缘磨损的措施	现场检查	《国家电网公司计量现场施工质量工艺规范》（营销计量[2016]16号）第4.4.3条
	1.6 查计量现场施工的接地是否符合要求	现场检查	《国家电网公司计量现场施工质量工艺规范》（营销计量[2016]16号）第6.1条
2. 电能表、采集终端拆装及故障处理	2.1 查分支开关是否悬挂"禁止合闸，有人工作"标识牌	现场检查	《国家电网有限公司关于规范营销现场作业安全管理的指导意见》（国家电网营销[2020]29号）第22.2.1条
	2.2 查工具的外裸导电部位是否采取绝缘措施	现场检查	《国家电网有限公司关于规范营销现场作业安全管理的指导意见》（国家电网营销[2020]29号）第22.2.2条
	2.3 查带电更换计量装置时是否首先在接线盒处采取防止电流互感器开路、电压互感器短路的措施	现场检查	《国家电网公司电力安全工作规程 第8部分：配电部分》（Q/GDW 10799.8—2023）第7.4.1条
3. 电能表现场检验	3.1 查临时电源使用是否规范	现场检查	《国家电网有限公司关于规范营销现场作业安全管理的指导意见》（国家电网营销[2020]29号）第22.3.2条
	3.2 查现场校验仪是否在试验周期内	现场检查	《电能计量装置技术管理规程》（DL/T 448—2016）第8.3条
4. 互感器现场检验	4.1 查连接试验前，仪器外壳可靠接地，是否确认测量回路与线路可靠连接	现场检查	《国家电网有限公司关于规范营销现场作业安全管理的指导意见》（国家电网营销[2020]29号）第22.4.1条
	4.2 查试验人员是否站在绝缘垫上	现场检查	《国家电网有限公司关于规范营销现场作业安全管理的指导意见》（国家电网营销[2020]29号）第22.4.2条
	4.3 查解除接线前是否充分放电	现场检查	《国家电网有限公司关于规范营销现场作业安全管理的指导意见》（国家电网营销[2020]29号）第22.4.3条
5. 电能计量装置二次回路检测	5.1 查校验仪从机位置是否安排专人监护，检测人员是否戴绝缘手套、使用绝缘工具	现场检查	《国家电网有限公司关于规范营销现场作业安全管理的指导意见》（国家电网营销[2020]29号）第22.5.1条
	5.2 查是否严格执行监护制度，是否检查确认接线正确、规范	现场检查	《国家电网有限公司关于规范营销现场作业安全管理的指导意见》（国家电网营销[2020]29号）第22.5.2条

续表

督查项目	督查内容督查标准	督查方法	督查依据
业扩报装督查标准 1. 现场中间检查	1.1 查受电设施问题隐患整改的闭环管理，是否存在在客户接地、防雷、电缆沟等隐蔽工程中间检查未合格，即开展后续工程施工	现场检查	《国家电网有限公司关于规范营销现场作业安全管理的指导意见》（国家电网营销〔2020〕29号）第24.1.1、24.1.2条
	2.1 查多电源供电客户采取的防止反送电技术措施是否到位	现场检查	《国家电网有限公司关于规范营销现场作业安全管理的指导意见》（国家电网营销〔2020〕29号）第24.2.1条
2. 现场竣工验收	2.2 查竣工验收前，《客户业扩报装现场作业安全控制卡》填写是否规范	现场检查	《国家电网有限公司关于规范营销现场作业安全管理的指导意见》（国家电网营销〔2020〕29号）第24.2.1条
	2.3 查设备是否符合"五防"要求	现场检查	《国家电网有限公司关于规范营销现场作业安全管理的指导意见》（国家电网营销〔2020〕29号）第24.2.2条
	2.4 查现场人员是否熟悉增（减）客户现场设备接线、是否掌握设备带电情况	现场检查	《国家电网有限公司关于规范营销现场作业安全管理的指导意见》（国家电网营销〔2020〕29号）第24.2.3条
3. 现场停（送）电	3.1 查是否未确认客户受电设备状态进行停（送）电、双电源及自备应急电源与电网电源之间切换装置是否合同章	现场检查	《国家电网有限公司关于规范营销现场作业安全管理的指导意见》（国家电网营销〔2020〕29号）第24.3.1条

B.9 通信检修施工（适用省、地市、县供电公司现场督查）

督查项目	督查内容督查标准	督查方法	督查依据
1. 管道光缆检修施工	1.1 查在竖井、沟道、夹层等内敷设光缆（纤）时，是否有防止光缆（纤）损伤的防护措施	现场检查	《国家电网公司电力安全工作规程 电力通信部分（试行）》（国家电网安质〔2018〕396号）第7.3条
	1.2 查进入电缆井、电缆隧道等有限空间工作前，是否"先通风、再检测、后作业"	现场检查	《国家电网公司电力安全工作规程 线路部分》（Q/GDW 1799.2—2013）第15.2.1.11条
	1.3 查电缆井井盖、电缆沟盖板等开启后，是否设置路路栏、是否派人看守；作业人员撤离后，是否立即将井盖盖好	现场检查	《国家电网公司电力安全工作规程 线路部分》（Q/GDW 1799.2—2013）第15.2.1.10条

续表

督查项目	督查内容	督查方法	督查依据
1. 管道光缆检修施工	1.4 查电缆井、隧道内工作时，通风是否保持常开。在通风不良的电缆隧（沟）内进行长时间作业时，是否携带便携式瞬气体测试仪及自救呼吸器	现场检查	《国家电网公司电力安全工作规程 线路部分》（Q/GDW 1799.2—2013）第 15.2.1.11 条
2. 架空光缆检修施工	2.1 查光缆接头盒、余缆及余缆架是否有踩踏现象，查光缆上是否堆放重物	现场检查	《国家电网公司电力安全工作规程 电力通信部分（试行）》（国家电网安质〔2018〕396 号）第 7.5 条
	2.2 查高处作业人员是否正确使用安全带并采取防高处坠落的防护措施	现场检查	《国家电网公司电力安全工作规程 线路部分》（Q/GDW 1799.2—2013）第 9.2.4 条
	2.3 查光缆接续工作现场是否设装围栏、围网、标识牌	现场检查	《国家电网公司电力安全工作规程 电力通信部分（试行）》（国家电网安质〔2018〕396 号）第 7.8 条
3. 通信电源检修施工	3.1 查拆接负载电缆前，是否将电源输出开关断开	现场检查	《国家电网公司电力安全工作规程 电力通信部分（试行）》（国家电网安质〔2018〕396 号）第 9.1.2 条
	3.2 查现场裸露电缆线头是否做好绝缘处理	现场检查	《国家电网公司电力安全工作规程 电力通信部分（试行）》（国家电网安质〔2018〕396 号）第 9.1.4 条
	3.3 查安装或拆除蓄电池的工器具是否经过绝缘处理、是否将蓄电池正负极短接	现场检查	《国家电网公司电力安全工作规程 电力通信部分（试行）》（国家电网安质〔2018〕396 号）第 9.3.2 条
4. 通信设备检修施工	4.1 查拔插设备板卡时，是否正确佩戴防静电手环，是否带连接线拔插板卡、强行拔插；查现场备用或拔出板卡是否使用防静电包装	现场检查	《国家电网公司电力安全工作规程 电力通信部分（试行）》（国家电网安质〔2018〕396 号）第 6.3 条
	4.2 查应急电力通信车调试、使用前及使用中是否良好接地	现场检查	《国家电网公司电力安全工作规程 电力通信部分（试行）》（国家电网安质〔2018〕396 号）第 6.10 条
	4.3 查在检修屏（柜）上进行工作时，是否将相邻的运行屏（柜）隔离（遮挡），用围栏（红幔布等）隔离（遮挡），是否在工作地点设置"在此工作！"标识牌	现场检查	《国家电网公司电力安全工作规程 变电部分》（Q/GDW 1799.1—2013）第 7.5.3、7.5.6 条

B.10 小型基建（适用省、地市、县供电公司现场督查）

督查项目	督查内容	督查方法	督查依据
1. 用电管理	1.1 查现场是否设置总配电箱、分配电箱、开关箱，实行三级配电	现场检查	《建设工程施工现场供用电安全规范》（GB 50194—2014）第6.1.1条
	1.2 查配电箱（柜）其结构是否具备防火、防雨功能、安全警告标志和安全色标识是否符合规范	现场检查	《建设工程施工现场供用电安全规范》（GB 50194—2014）第12.0.7条
	1.3 查各级用电安全负责人是否明确，施工作业人员是否严格执行临时用电安全施工技术措施	现场检查	《建设工程施工现场供用电安全规范》（GB 50194—2014）第12.0.1.3条
	1.4 查施工用电设施的安装、运行，施工用电设施是否定期检查并记录	现场检查	《施工现场临时用电安全技术规范》（JGJ 46—2005）第3.3.1.7、3.3.1.8条
	1.5 查消防/等重要负荷是否由总配电箱专用回路直接供电，是否接入过荷保护和剩余电流保护器	现场检查	《建设工程施工现场供用电安全规范》（GB 50194—2014）第6.1.3条
	1.6 查电机、变压器、照明灯具等Ⅰ类用电气设备的金属外壳、基础型钢与该用电气设备连接的金属部分带电保证带保护架及掌控是否可靠接地、电缆的金属外皮和电力线路的金属保护管、接线盒、配电箱是否接地	现场检查	《建设工程施工现场供用电安全规范》（GB 50194—2014）第8.1.6条
	1.7 查室外220V灯具距地面是否大于3m，室内220V灯具距地面是否大于2.5m	现场检查	《施工现场临时用电安全技术规范》（JGJ 46—2005）第10.3.2条
2. 土石方作业	2.1 查土石方作业时是否采取防塌方、防水措施	现场检查	《建筑施工土石方工程安全技术规范》（JGJ 180—2009）第6.3.2、6.3.4条
	2.2 查土方开挖施工区域是否设围栏及安全警示标志，夜间是否挂警示灯、坑口、沟槽等坑边堆土、护坡措施是否到位	现场检查	《建筑施工土石方工程安全技术规范》（JGJ 180—2009）第6.2.1条《国家电网有限公司电力建设安全工作规程 第1部分：变电》（Q/GDW 11957.1—2020）第10.1.1.4条
	2.3 查人工开挖时，打锤与扶钎是否存在对面工作现象，打锤者是否戴防滑手套	现场检查	《建筑施工土石方工程安全技术规范》（JGJ 180—2009）第7.2.8条

续表

督查项目	督查内容	督查方法	督查依据
2. 土石方作业	2.4 查基坑内是否设置供施工人员上下的专用梯道，是否设扶手栏杆，梯道的宽度是否小于1m，梯道的搭设是否符合相关安全规范的要求	现场检查	《建筑施工土石方工程安全技术规范》（JGJ 180—2009）第6.2.3条
3. 模板作业	3.1 查模板安装是否按照设计与施工说明书顺序拼接，模板安装是否自下而上进行，拆除模板是否按顺序进行，自上而下进行	现场检查	《建筑施工模板安全技术规范》（JGJ 162—2008）第7.1.8条
	3.2 查模板及其支架在安装过程中，是否设置有效防倾覆的临时固定措施	现场检查	《建筑施工模板安全技术规范》（JGJ 162—2008）第6.1.2.1、6.1.2.4条
	3.3 查吊运模板时，是否符合吊运大块或整体吊装规定	现场检查	《建筑施工模板安全技术规范》（JGJ 162—2008）第6.1.14条
	3.4 查支架立柱高度超过5m时，在立柱周围外侧和中间有结构柱的部位，是否按水平间距6~9m，竖向间距2~3m与建筑结构设置一个固定点	现场检查	《建筑施工模板安全技术规范》（JGJ 162—2008）第6.2.4.6条
4. 混凝土作业	4.1 查混凝土泵送时，混凝土泵支腿情况是否满足要求	现场检查	《混凝土泵送施工技术规程》（JGJ/T 10—2011）第6.2.3条
	4.2 查混凝土浇筑完成后的回弹力是否满足标准	现场检查	《大体积混凝土施工标准》（GB 50496—2018）第5.1.2条
	4.3 查混凝土浇筑后是否采取保温保湿养护，是否进行测试记录	现场检查	《大体积混凝土施工标准》（GB 50496—2018）第5.5.1.1条
5. 脚手架作业	5.1 查脚手架搭设和拆除是否由专人负责，是否持证上岗	现场检查	《建筑施工脚手架安全技术统一标准》（GB 51210—2016）第11.1.3条
	5.2 查脚手架使用前是否经监理、施工项目部验收合格，是否悬挂验收合格牌	现场检查	《建筑施工脚手架安全技术统一标准》（GB 51210—2016）第10.0.1、11.1.1条；《建设工程安全生产管理条例》（国务院令第393号）第三十五条
	5.3 查脚手架基础是否夯实硬化，基础横向向外是否有排水坡度，是否坚实平整，排水畅通，不晃动，不沉降，立杆不悬空	现场检查	《建筑施工脚手架安全技术统一标准》（GB 51210—2016）第9.0.3条
	5.4 查脚手距是否大于2m；架纵横向扫地杆，立杆底端是否设有垫板，底层步距是否大于4m时，是否有刚性连墙件与建筑物可靠连接	现场检查	《建筑施工脚手架安全技术统一标准》（GB 51210—2016）第8.2.1、8.2.2条

续表

督查项目	督查内容	督查方法	督查依据
5. 脚手架作业	5.5 查搭设和拆除脚手架操作人员是否带个人防护用品，穿防滑鞋	现场检查	《建筑施工脚手架安全技术统一标准》（GB 51210—2016）第11.1.4条
	5.6 查搭设和拆除脚手架时，是否设置安全警戒线、警示标志，是否设专人监护	现场检查	《建筑施工脚手架安全技术统一标准》（GB 51210—2016）第11.2.9条
	5.7 查作业脚手架是否设置竖向剪刀撑、是否符合相应规定	现场检查	《建筑施工脚手架安全技术统一标准》（GB 51210—2016）第8.2.3条
	5.8 查是否将支撑脚手架、揽风绳等固定在作业脚手架上、在作业脚手架上是否悬挂起重设备	现场检查	《建筑施工脚手架安全技术统一标准》（GB 51210—2016）第11.2.2条
	5.9 查六级以上大风等特殊情况后，是否对脚手架进行检查、是否经检验检测，试验合格后确认合格后使用	现场检查	《建筑施工脚手架安全技术统一标准》（GB 51210—2016）第11.1.6条
6. 塔吊作业	6.1 查塔基基础及塔基主体是否经检验检测，是否符合相关要求	现场检查	《塔式起重机安全规程》（GB 5144—2006）第10.6、10.7、10.8条
	6.2 查梯子高度超过10m是否设置休息小平台	现场检查	《塔式起重机安全规程》（GB 5144—2006）第4.4.6条
	6.3 查司机室内是否设置安全锁止装置，是否配备合要求的灭火器	现场检查	《塔式起重机安全规程》（GB 5144—2006）第4.6.3、4.6.4条
	6.4 查塔机起升钢丝绳是否使用不旋转钢丝绳的，未采用不旋转钢丝绳的，其绳端是否设有防扭装置	现场检查	《塔式起重机安全规程》（GB 5144—2006）第4.6.2、5.2.4条
	6.5 查塔机电源进线处是否用主隔离开关或采取其他隔离措施，查隔离开关是否有明显的标记	现场检查	《塔式起重机安全规程》（GB 5144—2006）第8.3.3条
7. 高处作业	7.1 查是否分类别对安全防护设施进行检查、验收，是否做验收记录	现场检查	《建筑施工高处作业安全技术规范》（JGJ 80—2016）第3.0.2条
	7.2 查高处作业人员是否根据作业的实际情况配备相应的高处作业安全防护用品，是否按规定正确佩戴和使用相应的安全防护用品、用具	现场检查	《建筑施工高处作业安全技术规范》（JGJ 80—2016）第3.0.5条

续表

督查项目	督查内容	督查方法	督查依据
7. 高处作业	7.3 查施工作业现场可能坠落的物料、是否及时拆除或采取采取固定措施。高处作业所用的物料是否堆放平稳，是否妨碍通行和装卸	现场检查	《建筑施工高处作业安全技术规范》(JGJ 80—2016) 第3.0.6条
	7.4 查在通道处使用梯子作业时、是否有专人监护或设置围栏；使用单梯时梯面应与水平面是否成75°夹角、踏步是否垫高	现场检查	《建筑施工高处作业安全技术规范》(JGJ 80—2016) 第5.1.3、5.1.5条
	7.5 查操作平台的临边是否设置防护栏杆、单独设置的操作平台是否设置供人上下、踏步与操作平台之间的扶梯、操作平台使用中是否距不大于400mm的扶梯、操作平台使用中是否进行定期检查	现场检查	《建筑施工高处作业安全技术规范》(JGJ 80—2016) 第6.1.3、6.1.5条
	7.6 查在雨、霜、雾、雪等天气进行高处作业时、是否采取防滑、防冻和防雷措施、是否及时清除作业面上的水、雪、霜、冰	现场检查	《建筑施工高处作业安全技术规范》(JGJ 80—2016) 第3.0.8条
8. 安全网搭设	8.1 查安全防护网搭设时、是否每隔3m设一根支撑杆、支撑杆水平夹角是否小于45°。当在楼层设支撑杆时、是否在预埋钢筋环或结构内外侧各设一道横杆、安全防护网各外高里低、网与防护网之间是否拼接严密	现场检查	《建筑施工高处作业安全技术规范》(JGJ 80—2016) 第7.2.2条
	8.2 查施工升降机、龙门架和井架物料提升机等在建筑物间设置的停层平台两侧边、是否设置防护栏杆、挡脚板、是否采用密目式安全立网或工具式栏板封闭	现场检查	《建筑施工高处作业安全技术规范》(JGJ 80—2016) 第4.1.1、4.1.4条
	8.3 查洞口作业时、是否采取防坠落措施。查临边作业的防护护栏安装与标准是否符合规定	现场检查	《建筑施工高处作业安全技术规范》(JGJ 80—2016) 第4.2.1、4.3条

附录C 违章整改通知单模板

编号：××公司××年第××号

××公司　　　　　　　　　　　　　　　　　　　　　年　　月　　日

检查项目	
检查时间	年　　月　　日
检查地点	
主送单位	

序号	发现问题	违反条款
1	（附图）	
2	（附图）	

整改要求	
惩处要求或意见	
检查人员	

编制		审核	
签发			

附录 D 违章申诉单模板

违 章 申 诉 单

项目名称		违章通知单编号	
被督察单位		联系人及联系方式	
序号	问题描述	申诉理由及依据条款	佐证材料
1			
2			
专业管理部门意见	专业管理部门负责人签名： （盖章） 年　月　日		
安监部门意见	安监部门负责人签名： （盖章） 年　月　日		
专业分管领导意见	专业分管领导签名： 年　月　日		
主要负责人意见	主要负责人签名： 年　月　日		
申诉结果	违章查处机构负责人签名： 年　月　日		

附录E 违章整改反馈单模板

编号：×××公司××年第××号

××公司   年 月 日

受检项目					
受检时间	年 月 日				
受检地点					
主送单位					
序号	被查问题	整改措施	责任单位（部门）	责任人	计划完成时间
1		1.… 2.…			
2		1.… 2.…	单位1		
		3.… 4.…	单位2		
		5.…	单位3		
3					
编制		审核		签发	
联系人		电话		传真	